Beck'sche Reihe
BsR 432

Daß ökologische Katastrophen auf die Menschheit zukommen, ist sicher – trotz aller kollektiven Anstrengungen, dies zu verdrängen. Wie ist es dazu gekommen, daß der Mensch seinen Planeten in einer Weise gefährden konnte, wie wir es heute erleben? Und hat in Anbetracht dieser Situation die Idee des Fortschritts noch einen Sinn? Vittorio Hösle gibt in fünf Vorträgen, die er 1990 vor der Akademie der Wissenschaften der UdSSR in Moskau gehalten hat, Antworten auf diese Fragen, indem er die Fehlentwicklungen nennt, die in die Krise führen, und zu einem radikalen Umdenken aufruft.

Mit wirtschaftspolitischen Maßnahmen allein ist die ökologische Krise nicht zu bewältigen. Es ist ein Werte- und Kategorienwandel erforderlich, in dessen Zentrum der Naturbegriff stehen muß: Das Verhältnis von Mensch und Natur muß anders bestimmt werden als in einem großen Teil der neuzeitlichen Wissenschaft. Ziel ist eine Naturphilosophie, welche die Autonomie der Vernunft mit der eigenständigen Würde der Natur verbindet.

Es genügt nicht, wenn sich die Philosophie darauf beschränkt, die metaphysische Dimension der ökologischen Krise zu konstatieren. Gangbare Wege aus der Gefahr müssen gesucht werden. Vittorio Hösle zieht aus der ökologischen Krise ethische, ökonomische und politische Konsequenzen und beschreibt konkrete Maßnahmen zur Einrichtung einer ökologisch-sozialen Marktwirtschaft.

Vittorio Hösle, geb. 1960 in Mailand, ist Verfasser von Büchern und Aufsätzen zur Metaphysik, Ethik und Politischer Philosophie. Bei C.H. Beck ist von ihm erschienen: „Die Krise der Gegenwart und die Verantwortung der Philosophie“ (1990).

VITTORIO HÖSLE

Philosophie der ökologischen Krise

Moskauer Vorträge

VERLAG C.H.BECK MÜNCHEN

Die Deutsche Bibliothek – CIP-Einheitsaufnahme

Hösle, Vittorio:
Philosophie der ökologischen Krise : Moskauer Vorträge /
Vittorio Hösle. – Orig.-Ausg., 2., um ein Nachw. erw.
Aufl. – München : Beck, 1994
(Beck'sche Reihe; 432)
ISBN 3 406 38368 8
NE: GT

Originalausgabe
ISBN 3 406 38368 8

2., um ein Nachwort erweiterte Auflage. 1994
Einbandentwurf von Uwe Göbel, München

Gesamtherstellung: C. H. Beck'sche Buchdruckerei, Nördlingen
Gedruckt auf säurefreiem,
aus chlorfrei gebleichtem Zellstoff hergestelltem Papier
Printed in Germany

Hans Jonas
dem weisen Menschen
dem besorgten Mahner
dem großen Denker
ohne den es immer noch
keine praktisch verantwortliche
Philosophie der
ökologischen Krise gäbe

Inhalt

Vorbemerkung zur deutschen Ausgabe

Die folgenden Vorlesungen wurden im April 1990 am Institut für Philosophie der Akademie der Wissenschaften der UdSSR in Moskau gehalten, deren Gast ich auf freundliche Einladung meiner verehrten Kollegin Frau Prof. Dr. Nelly Motroschilowa war. Ihnen folgten im Mai und Juni fünf Vorlesungen über das Wesen der neuzeitlichen Metaphysik. Diese zehn Vorträge erscheinen demnächst in der vorzüglichen Übersetzung von Herrn Andrej Sudakov auf russisch in Moskau. Ich möchte auch an dieser Stelle Frau Prof. Dr. Nelly Motroschilowa sowie Frau Prof. Dr. Tamara Dlugatsch für die außerordentliche Gastfreundschaft herzlich danken. Dank schulde ich auch Frau Becker und Frau Gwynne von der „Gesellschaft für Ethik, Bildung und Management" für die freundliche Hilfe bei der Herstellung des Textes.

Ich habe mich dazu entschlossen, die Ökologievorträge ohne Veränderungen auch auf deutsch zu publizieren, auch wenn sie erstens ausdrücklich für ein sowjetisches Publikum verfaßt wurden (und zwar unter deutlicher Bezugnahme auf einen bestimmten Moment in der Geschichte dieses großen Landes) und auch wenn sie zweitens, als einführende Vorträge, viel zu viel nur andeuten können. Doch auch als Forschungsprogramm mögen diese Vorträge eine gewisse Berechtigung haben; und für ein deutsches Publikum mag es interessant sein zu lesen, wie man zur Zeit in Moskau philosophiert. Denn die Gedanken dieser Vorträge gehen zwar auf ein Seminar über Philosophie der Technik, das ich im Wintersemester 1989/90 an der Universität Ulm hielt, sowie auf Diskussionen mit alten Tübinger Freunden zurück; ihre Artikulation haben sie aber erst im Gespräch mit sowjetischen Kollegen und Studenten gefunden, denen ich unzählige Anregungen verdanke. Eine der wichtigsten kulturpolitischen Aufgaben, die sich nach der Wiedervereinigung Deutschlands stellen, scheint mir die Wiedererringung der traditionellen kulturellen Mittellage Deutschlands – wir müssen zur Kenntnis nehmen, welch bedeutende Kulturleistungen Osteuropa erbracht hat und immer noch erbringt; gerade für die deutschen Intellektuellen stellt Osteuropa im allgemeinen und die Sowjetunion im besonderen ein Reservoir an geistigen und moralischen Kräften dar, das kaum zu überschätzen ist. Die drängenden Weltprobleme, um deren eines es in diesen Vorlesungen geht, können ohne die Sowjetunion nicht gelöst werden; und wenn dieses Büchlein als Ausdruck einer zunehmenden Vertiefung der geistigen Beziehungen zwischen Deutschland und der Sowjetunion verstanden werden kann, würde mich das mit Stolz erfüllen.

Dsï Gung war im Staate Tschu gewandert und nach dem Staate Dsin zurückgekehrt. Als er durch die Gegend nördlich des Han-Flusses kam, sah er einen alten Mann, der in seinem Gemüsegarten beschäftigt war. Er hatte Gräben gezogen zur Bewässerung. Er stieg selbst in den Brunnen hinunter und brachte in seinen Armen ein Gefäß voll Wasser herauf, das er ausgoß. Er mühte sich aufs äußerste ab und brachte doch wenig zustande.

Dsï Gung sprach: „Da gibt es eine Einrichtung, mit der man an einem Tag hundert Gräben bewässern kann. Mit wenig Mühe wird viel erreicht. Möchtet Ihr die nicht anwenden?"

Der Gärtner richtete sich auf, sah ihn an und sprach: „Und was wäre das?" Dsï Gung sprach: „Man nimmt einen hölzernen Hebelarm, der hinten beschwert und vorn leicht ist. Auf diese Weise kann man das Wasser schöpfen, daß es nur so sprudelt. Man nennt das einen Ziehbrunnen."

Da stieg dem Alten der Ärger ins Gesicht, und er sagte lachend: „Ich habe meinen Lehrer sagen hören: Wenn einer Maschinen benützt, so betreibt er all seine Geschäfte maschinenmäßig; wer seine Geschäfte maschinenmäßig betreibt, der bekommt ein Maschinenherz. Wenn einer aber ein Maschinenherz in der Brust hat, dem geht die reine Einfalt verloren. Bei wem die reine Einfalt hin ist, der wird ungewiß in den Regungen seines Geistes. Ungewißheit in den Regungen des Geistes ist etwas, das sich mit dem wahren SINNE nicht verträgt. Nicht daß ich solche Dinge nicht kennte: ich schäme mich, sie anzuwenden."

Dschuang Dsi, Das wahre Buch vom südlichen Blütenland, Buch XII, Kap. 11: „Der Ziehbrunnen" (Übertragung von Richard Wilhelm)

Einleitung

Im Jahre 1990 in Moskau Vorlesungen über die Philosophie der ökologischen Krise zu halten, mag aus verschiedenen Gründen abwegig vorkommen. Erstens scheint das Thema fragwürdig: Die ökologische Krise ist, dies läßt sich nicht mehr leugnen, ein dringendes politisches Problem, aber was hat die Philosophie mit ihm zu tun? Prognosen über den größeren oder geringeren Wahrscheinlichkeitsgrad von Klimakatastrophen zu geben, kann gewiß nicht ihres Amtes sein; und ebenso wäre die Philosophie überfordert, wenn sie zur größeren oder geringeren Umweltverträglichkeit einzelner Techniken Stellung bezöge. Sicher müssen sich der ökologischen Krise die verschiedenen Wissenschaften annehmen – Chemie, Biologie, Geographie, Ingenieurwissenschaften, Soziologie, Politologie sind aufgefordert –, aber warum auch die Philosophie? Ist sie nicht besser beraten, wenn sie das Feld den kompetenten Einzelwissenschaften überläßt und sich auf ihre tradierten Disziplinen konzentriert, zu denen eine Philosophie der ökologischen Krise bisher nie gehört hat? Doch selbst wenn eine solche neue Disziplin theoretisch sinnvoll wäre, warum sollen zweitens die folgenden tastenden Überlegungen, die das Thema keineswegs erschöpfen, sondern nur in einer ersten Annäherung umkreisen wollen, gerade in Moskau und gerade im Frühjahr 1990 vorgetragen werden? Erwarten meine Hörerinnen und Hörer hier im Zentrum der großen Krise von einem westlichen Philosophen nicht vielmehr weltgeschichtliche Betrachtungen über das Revolutionsjahr 1989, wohl das bedeutendste Jahr der Nachkriegsgeschichte, und zwar sowohl infolge der Umwälzungen in Ostmitteleuropa als auch infolge der sinnfällig gewordenen Krise des geschichtsmächtigsten philosophischen Legitimationssystems der Moderne, des Marxismus?

Um mit der letzten Frage zu beginnen, so darf ich Ihnen vorweg versichern, daß geschichtsphilosophische Überlegungen zum Jahre 1989 im folgenden in der Tat eine gewisse Rolle spielen werden. 1989 war ein Wendepunkt in der europäischen, ja in der Weltgeschichte – dies läßt sich jetzt schon sagen, auch wenn wir noch keineswegs wissen, wohin die Entwicklung gehen wird, ja, ob sie der Menschheit mehr Gutes oder mehr Schlechtes bringen wird; denn beides – auch letzteres – liegt durchaus im Bereich des Möglichen. Aber wir werden die Ambivalenz dieser möglichen Entwicklung besser verstehen, wenn wir sie einzuordnen wissen in umfassende geschichtsphilosophische Perspektiven, die über die unmittelbaren Aufgaben der nächsten Jahre (wie die Regelung der deutschen Frage und, wichtiger noch, die staatsrechtliche Umgestaltung der Sowjetunion) hinausweisen; und eine solche Einordnung wird nicht möglich sein ohne eine Besinnung auf die ökologische Krise. Von ihr darf auch nach dem Herbst 1989 nicht abgelenkt werden; denn verglichen mit ihr ist selbst die neue Machtverteilung in Europa eine drittrangige Frage. Ökologische Katastrophen sind das Verhängnis, das in einer gar nicht mehr weit entfernten Zukunft auf uns lauert – trotz aller kollektiven Anstrengungen, dies zu verdrängen, trotz aller Beschwichtigungs- und Abwiegelungsstrategien hat sich diese Überzeugung inzwischen im Bewußtsein der meisten Menschen festgesetzt, sie bildet den dunklen Urgrund des Lebensgefühls gerade der jüngeren Generation der entwickelteren Staaten. Einerseits hat die Kultivierung dieses Gefühls etwas Widerliches an sich – denn nur zu leicht kann sie zur Resignation und zur Apathie, ja, schlimmer noch, zu einem frenetischen Hedonismus bei den Massen und einem morbiden Zynismus bei den Intellektuellen führen, der sich mit dem scheinbar Unabwendbaren abfindet und seine Wünsche darauf beschränkt, aus dem Becher der Welt die letzten Tropfen zu schlürfen, bevor er ihn zerschellen läßt. Andererseits darf diese Gefahr aber nicht herhalten zu einer Legitimierung der Verdrängung und damit des lemminghaften Weiterrasens auf den Abgrund zu – dies gilt für jedermann, und erst recht für die Philosophie. Mit ihr sind Verdrängungen nicht vereinbar. Denn die Philosophie hat es mit der Wahrheit zu tun, und zwar nicht mit dieser oder jener Richtigkeit, sondern mit derjenigen Wahrheit, die das Ganze des Seins betrifft; und in diesem Ganzen des Seins kommt dem Menschen als dem einzigen uns bekannten Naturwesen, das die Stimme des Sittengesetzes zu vernehmen vermag, eine einzigartige Stellung zu. Seinem Schicksal gegenüber darf die Philosophie nicht gleichgültig bleiben. Wenn sich keiner der großen Philosophen dem Notruf der eigenen Zeit entzogen hat – das gilt auch und zumal für diejenigen, die es in der Metaphysik, der Theorie der höchsten Prinzipien, am weitesten gebracht haben: Platon, Aristoteles, Longinos, Cusanus, Fichte –, dann ist dort, wo nicht nur das Schicksal des eigenen Volkes, sondern das Schicksal der Menschheit und eines großen Teils der belebten Natur auf dem Spiele steht, Indifferenz Verrat an der Sache der Philosophie.

Die Würde des Menschen besteht darin, daß er Träger von etwas ist, das ihn transzendiert, und deswegen ist das mögliche Ende des Menschen eine Angelegenheit, die keineswegs nur ihn allein betrifft. Ein kollektiver Selbstmord der Gattung wäre, eben weil keine bloße Naturkatastrophe, sondern vom Menschen verantwortet, Frevel am Absoluten in einem Maße, das alles bisher Geschehene (und dazu gehört wahrlich genug Schreckliches) in den Schatten stellte.

Und auch wenn die Philosophie, als Versuch endlicher Wesen, etwas Absolutes zu erfassen, die conditio humana insofern teilt, als auch ihr die Zukunft dunkel bleibt und ihr ein Wissen über das, was faktisch geschehen wird, versagt ist, so wirft doch allein schon die Möglichkeit dieses Frevels neues Licht auf das Wesen des Menschen ebenso wie auf das Wesen des Absoluten, das sich ihm anvertraut: Die Anthropologie und die Metaphysik können nicht unberührt bleiben von der *Möglichkeit* der Apokalypse.[1] Diese Möglichkeit ist zwar abstrakt schon in jener Negation der unmittelbaren Einheit mit der Natur angelegt, die den Menschen vom Tier unterscheidet; zu einer realen Gefahr wird sie aber erst im 20. Jahrhundert. Eine Philosophie der ökologischen Krise muß daher deren Ort im Rahmen einer Geschichtsphilosophie der menschlichen Kultur bestimmen.

Wie ist es dazu gekommen, daß der Mensch seinen Planeten in der Weise gefährden konnte, die wir heute erleben? Und hat in Anbetracht dieser Situation die Idee des Fortschritts noch einen Sinn? Offenbar spielt die Prädominanz des Wirtschaftlichen und Technischen, die sich seit dem 19. Jahrhundert immer stärker herausschält, hier eine entscheidende Rolle – es liegt auf der Hand, daß ohne eine Philosophie der Technik und der Wirtschaft das Wesen der ökologischen Krise nicht zu fassen ist. Weniger leicht zu erkennen ist freilich, daß hinter diesem Triumphzug des wirtschaftlich-technischen Denkens bestimmte geistesgeschichtliche Weichenstellungen stehen, die zu tun haben mit dem Programm der neuzeitlichen Metaphysik. Dies erkannt zu haben, macht Heideggers bleibende Leistung aus,[2] und seit ihm gehört eine Philosophie der Geschichte der Philosophie und der Wissenschaft notwendig zu einer Philosophie der ökologischen Krise.

Aber diese Disziplin darf sich nicht beschränken auf die Konstatierung der metaphysischen Dimension der Gefahr und ihrer Genese. Gerade wenn die Philosophie eine Mitverantwortung trägt für die Entwicklung, die eingetreten ist, dann wäre eine theoretizistische Selbstbeschränkung unverantwortlich. Mitten auf einem zugefrorenen See am Krachen des Eises unter den eigenen Füßen zu erkennen, in welcher Gefahr man sich befindet, reicht nicht aus; Wege aus der Gefahr müssen gesucht werden. Und auch wenn ringsherum Nebelschwaden einen umhüllen, darf die Philosophie doch hoffen, durch das Licht, das sie verbreitet, das rettende Ufer zu erkennen; sie kann vielleicht die Richtung weisen, in der man weiterschreiten muß – eine Richtung, die dann nicht die der Rückkehr sein darf, wenn der Rückweg länger wäre als der Weg nach vorn.

Die Philosophie der ökologischen Krise hat neben dem theoretischen also auch einen praktischen Teil: Diese Erweiterung über Heidegger hinaus vollzogen zu haben, macht das bleibende Verdienst Hans Jonas' aus, das ihm einen Platz unter den großen Philosophen sichert.[3] Wichtig ist zumal, daß in Jonas' praktischer Philosophie der ökologischen Krise Fragen nicht nur der Ethik, sondern auch der politischen Philosophie erörtert werden – denn mit individualethischen Maximen allein läßt sich das ökologische Problem nicht lösen; Konsequenzen für die politische Philosophie sind unvermeidlich. Allerdings fehlen in seinem Ansatz noch jene Überlegungen zu einer ökologieverträglichen Neuordnung der Wirtschaft, die in den 1980er Jahren ausgearbeitet wurden und die dann eine besondere Bedeutung haben müssen, wenn das Wesen unseres Zeitalters durch die Wirtschaft bestimmt ist.

Irrtümlich aber wäre es zu glauben, durch wirtschaftspolitische Maßnahmen allein sei die ökologische Krise zu bewältigen. Wenn die ökologische Krise in Weichenstellungen wurzelt, die zu bestimmten Werten und Kategorien geführt haben, dann wird ohne die Korrektur dieser Werte und Kategorien eine durchgreifende Veränderung nicht zu erzielen sein. Im Zentrum dieses Kategorienwandels wird vermutlich der Naturbegriff stehen müssen; das Verhältnis von Mensch und Natur wird anders bestimmt werden müssen als in einem großen Teil der neuzeitlichen Philosophie und Wissenschaft. Zwar besteht in der Forderung nach Rücknahme von Weichenstellungen die Gefahr, intellektuell regressiv zu werden und unaufgebbare Grundeinsichten der Moderne preiszugeben; und man wird nicht bestreiten können, daß manche der ökologisch besorgten Denker – allen voran Heidegger – dieser Gefahr erlegen sind. (Und zwar wird die Regression um so radikaler, je früher die verfehlte Weichenstellung angesetzt wird – wenn sie also hinter Descartes auf die Griechen oder gar den alttestamentlichen Gottesbegriff zurückgenommen wird.) Aber all das ändert nichts daran, daß die gegenwärtige Entwicklung nicht fortgesetzt werden darf, daß neue Weichenstellungen unvermeidlich sind. Eine Naturphilosophie, die die Autonomie der Vernunft mit einer eigenständigen Würde der Natur zu verbinden trachtet, scheint mir eines der Hauptdesiderate unserer Zeit.

Es wird aufgefallen sein, daß nach dieser Skizze einer Philosophie der ökologischen Krise verschiedenste, wenn nicht sogar alle Disziplinen der Philosophie zu ihr beitragen müssen, Metaphysik, Naturphilosophie, Anthropologie, Geschichtsphilosophie, Ethik, Wirtschaftsphilosophie, Politische Philosophie,

Philosophie der Philosophiegeschichte. Dies mag einerseits befremden; und in der Tat kann kein Zweifel sein, daß dieser notwendig vielschichtige Zugang zu unserem Problem seine Behandlung äußerst erschwert; vielleicht liegt hier einer der Gründe für den vernachlässigten Zustand dieser Disziplin. Aber gerade diese Vernachlässigung, deren Kehrseite die Möglichkeit neuer Einsichten ist, ist verlockend; und verheißungsvoll ist auch und gerade, daß sich in der Frage der ökologischen Krise verschiedenste philosophische Disziplinen verschränken. Denn die Philosophie hat es nicht nur mit dem Ganzen des Seins, sie hat es auch mit dem Ganzen des Wissens zu tun; und von der Besinnung auf Probleme, die einen solch mehrschichtigen Zugang erfordern, kann sie die Wiederherstellung der Idee der Einheit des Wissens erhoffen. Wenn die Zersplitterung des Wissens einer der Gründe für den Niedergang der Philosophie ebenso wie für die gegenwärtige ökologische Krise ist, dann mag die Einsicht, daß nur eine ganzheitliche Ausbildung, die etwa natur- und sozialwissenschaftliche Kenntnisse gleichermaßen vermittelt, Menschen heranreifen lassen kann, die zur Bewältigung jener Krise beitragen können, mittelbar auch der Philosophie zugute kommen. Umgekehrt aber wird auch die Philosophie den Einzelwissenschaften bei der theoretischen Durchdringung und praktischen Lösung der ökologischen Krise behilflich sein können. Denn indem sie den Platz der einzelnen Wissenschaften im Ganzen des Wissens ebenso wie den geschichtlichen Ort ihrer gegenwärtigen Gestalten in der Entwicklung des Denkens erfaßt, wird sie den Brückenschlag zwischen ihnen ebenso erleichtern wie die Entdeckung ihrer Grenzen und die Herausbildung der neuen Fragestellungen, ohne die die nötigen Antworten nicht gefunden werden können. Die Ökologie ist, dem Wortsinn nach, die Lehre vom Haus; von den verschiedenen physischen Häusern, in denen der Mensch lebt, hat sie das räumlich größte im Blick, unsere Erde, die heute eine unauflösliche Einheit aus natürlichen und kulturellen Elementen bildet. Von den ideellen Häusern des Menschen ist das umfassendste das Ganze des Seins, der Gegenstand der Philosophie; und die Gefährdung unseres irdischen Hauses hat zu tun mit der Zerstörung des ideellen Hauses. So unerläßlich, vielleicht sogar vorrangig, ökotechnokratische Detailarbeit, die den Einzelwissenschaften zu überlassen ist, in der nächsten Zukunft sein wird, sosehr wird doch nur eine Wiederherstellung des ideellen Hauses langfristig das Überleben unseres planetarischen Hauses zu sichern vermögen: die Wiedergewinnung einer metaphysischen Heimat für den Menschen der technischen Zivilisation.

I. Die Ökologie als neues Paradigma der Politik

Was ein moralisch-politischer Paradigmenwechsel ist,[1] das spürt man in diesen Monaten in Ihrem Land ganz besonders. Jahrzehntelang wenigstens offiziell für richtig gehaltene Überzeugungen geraten ins Wanken, und da es sich dabei um Überzeugungen handelt, die im System des Wissens nicht bloß einen abgeleiteten, sondern einen grundlegenden Platz einnehmen, führt ihre In-Frage-Stellung zu einem Einsturz ganzer Denkgebäude. Und während sich bei wissenschaftlichen Revolutionen die Konsequenzen auf das Theoretische beschränken, führt ein politischer Paradigmenwechsel zum Einkrachen auch realer Institutionen. Einerseits liegt in diesem Zusammenbruch etwas Großartiges, etwas Befreiendes. Mit dem Zusammenfallen der Mauern öffnet sich der Himmel über den Eingeschlossenen; der Blick auf die Wirklichkeit, der bisher nur durch die kleinen Fenster des Gebäudes möglich war, wird weiter, umfassender. Nicht nur kann man jetzt Dinge genauer sehen, die vorher nur unbestimmt-schemenhaft erschienen; man erkennt sogar Teile der Wirklichkeit, von deren Existenz man bisher keine Ahnung hatte.

In mancher Hinsicht erinnert dieser Zustand an den Frühling, wenn die winterliche Vereisung dahinschmilzt und sich unter dem tauenden Schnee neues Leben regt; in anderer Hinsicht erinnert er an die Kindheit, als die Welt noch frisch und unverbraucht war. Anders aber als in der Kindheit, die um den Vorzug ihrer selbst (der erst in der Erinnerung, also als Vergangenes ins Bewußtsein tritt) noch nicht weiß, gibt sich derjenige, der aus dem zusammengebrochenen Denkgebäude tritt und sich seiner Denkzwänge entwunden hat, volle Rechenschaft über das Gewaltige dieses Ereignisses, das etwas von einer geistigen Wiedergeburt an sich hat. Und noch faszinierender wird dieser Aufbruch, wenn es sich nicht nur um einen einsamen Vorgang in einem einzelnen handelt, sondern wenn an ihm eine ganze Kultur teilnimmt, wenn das Erlebnis der Entdeckung von etwas Neuem sich mit dem Gemeinschaftserlebnis verbindet.

Andererseits deutet gerade die intersubjektive Dimension dieses Ereignisses auf eigentümliche Gefahren. Ja, auch ohne Berücksichtigung dieser Dimension ist bei nüchterner Betrachtung klar, daß der Zusammenbruch eines Denkgebäudes nicht nur positive Seiten aufweist, auch wenn es natürlich ist, im Gefühl der Begeisterung über die Befreiung darüber hinwegzusehen. Erstens wird der Einsturz eines beengenden Denkgebäudes in der Regel diejenigen geistig erschlagen, zumindest verletzen, denen es nicht gelingt, rechtzeitig zu fliehen. Einige, die überleben, aber es nicht schaffen, sich von ihren Gewohnheiten zu lösen, werden sich in den Trümmern des eingefallenen Hauses einzurichten suchen. Aber auch diejenigen, denen die Flucht nach draußen gelingt und die entschlossen den Trümmern den Rücken kehren, stehen vor der Aufgabe, anderswo eine Bleibe zu finden. Eine Zeitlang mag man im Freien übernachten können; aber gerade wenn die Begegnungen mit der neu zugänglichen Wirklichkeit zu reichen Einsichten führen, stellt sich bald das Problem, diese Einsichten zu ordnen; ja, auch nur um diese Einsichten zu speichern, ist auf eine Art geistiger Scheune schwerlich zu verzichten. Die Notwendigkeit, ein neues allgemein verbindliches Kategoriensystem zu schaffen, verstärkt sich durch das Bedürfnis nach Kommunikation. Sicher hat die Kommunikation in jenem beengenden Haus oft genug groteske Formen gehabt: Man hat vorgegeben, bestimmte Prinzipien zu akzeptieren, die man im Inneren längst verworfen hatte und von denen man genau wußte, daß auch der Gesprächspartner sie geistig ablehnte; nichtsdestotrotz hatte man an Kommunikationsritualen teilzunehmen (denen das Prädikat „gespenstisch“ nicht abzusprechen ist), bei denen man einander feierlich die Wahrheit jener Prinzipien beschwor und bei denen jeder wußte, aber niemand sagte, daß der Kaiser nackt ist. Doch ist eine Phänomenologie der Kommunikationsformen im eingefallenen Hause nicht die Aufgabe dieser Vorlesungen; sie stünde mir als

Ausländer ohnehin nicht zu (obgleich ich Ihnen versichern kann, daß auch der Westen solche Rituale kennt). Was mich hier allein interessiert, ist, daß bei aller Morschheit jener Feiern und festlichen Aufzüge ein Grundkonsens zwar nicht über die Wahrheit bestimmter Prinzipien, aber doch über die Zweckmäßigkeit des Sich-Berufens auf diese Prinzipien bestand, ein Grundkonsens, der die Kommunikation erleichterte. Dieser Grundkonsens ist mit dem Zusammenbruch des alten Hauses verlorengegangen, und ein neuer Grundkonsens wird sich erst finden, wenn ein neues Haus errichtet worden ist. Der Zustand zwischen dem Zusammenbruch eines Hauses und der Errichtung eines neuen ist nun von besonderem Interesse für die Philosophie, und vielleicht mag der geistige Reiz, der ihm eignet, die Gefahren aufwiegen, die ihn notwendig bedrohen. Dieser Zustand ist nämlich einerseits der Entwicklung der Philosophie besonders günstig: Wenn die Philosophie mit den Prinzipien unseres Wissens zu tun hat, dann muß eine Epoche der Infragestellung dieser Prinzipien die Philosophie begünstigen und beflügeln; und meine Hoffnung ist aufrichtig, weil begründet, daß Ihr Land, dessen gegenwärtige geistige Lebendigkeit beglükkend ist, bedeutende Beiträge zur Weltphilosophie leisten möge. Andererseits ist offenkundig, daß die sozialen und politischen Gefahren eines solchen Dämmerungszustandes zwischen dem Verglimmen eines alten Legitimationssystems und dem Aufgehen eines neuen beträchtlich sind, und der besondere Sinn, den Konservative für die Wahrnehmung dieser Gefahren haben, erklärt das nur scheinbar paradoxe Faktum, daß die schärfsten Gegner des Bolschewismus im Westen heute manchmal Angst haben vor der überstürzten Durchführung jener Reformen, die sie stets gefordert haben. Denn wenn ein Grundkonsens teils nicht mehr da ist, teils noch nicht gefunden ist, dann wird gemeinsames Handeln äußerst erschwert, und sowohl die zentrifugalen Kräfte als auch die Mächte, die die Rechte des Einheitsprinzips nur mit brutaler Gewalt glauben wahren zu können, nehmen exponentiell zu. Denn Konsens und Gewalt sind zueinander umgekehrt proportionale Stabilitätsfaktoren einer Gesellschaft: Je mehr Konsens, desto weniger Gewalt, und umgekehrt. Dort, wo es nicht gelingt, einen neuen Konsens zu erarbeiten, muß ein Paradigmenwechsel zur Gewalt – zur Revolution, häufig auch zur Konterrevolution – führen.

Dieser knappen Schilderung des geistigen Schwebezustandes, in dem sich Ihr Land befindet, ließe sich leicht entgegenhalten, daß die Situation in Wahrheit gar nicht so dramatisch sei. Denn zwar sei ein Haus zusammengebrochen, aber das neue Haus brauche gar nicht erst errichtet zu werden: Es stehe schon bezugsfertig da, und man brauche sich nur dorthin zu begeben, um eine neue Heimat zu finden. Diese Überzeugung hat etwa in den Wahlen der DDR ihren Ausdruck gefunden. Allerdings scheint mir, daß ein vollständiger geistiger Anschluß an den Westen nicht für alle Länder des – ich darf vielleicht sagen: einstigen – Warschauer Paktes sinnvoll ist, und zwar keineswegs nur aus praktischen Gründen. Zwar mögen vielleicht Staaten, die gegen den Willen der Mehrheit ihrer Bevölkerung während bzw. nach dem Zweiten Weltkrieg Opfer des Stalinschen Imperialismus geworden sind, die letzten 40–50 Jahre ohne allzu großen Schaden für ihr nationales Selbstwertgefühl als verlorene Zeit abschreiben und diesen Verlust der Sowjetunion anlasten, deren Umwandlung sie allerdings die wiedererrungene Freiheit mitverdanken. Für die Sowjetunion scheint mir hingegen diese Möglichkeit nicht gegeben. Dafür dauert die Herrschaft des Bolschewismus zu lange (nur wenige in Ihrem Lande sind noch vor der Oktoberrevolution geboren); und zu tief ist diese Herrschaft gerade mit der Sowjetunion verbunden, die sie anderen Völkern aufgezwungen hat. Sollten sich in Ihrem Land die Kräfte durchsetzen, die der Sowjetunion nichts inniger wünschen, als daß sie so werde wie die westlichen Staaten, so befürchte ich dreierlei.

Erstens wird Ihr Nationalstolz auf lange Zeit gebrochen werden – mit den altbekannten Gefahren, die aus einem solchen Vorgang resultieren. Sosehr der Nationalismus, das Absolutsetzen der Interessen der eigenen Nation auf Kosten der legitimen Interessen anderer Nationen, moralisch verwerflich und politisch gefährlich ist, so unbestreitbar ist, daß nur der Patriotismus (auf den auch ein einstiger Universalstaat nicht wird verzichten können) zu jener kollektiven Transzendierung der eigenen Partikularinteressen motivieren kann, ohne die die ernsten Gefahren der Gegenwart nicht bewältigt werden können. Die Welt braucht keine gedrückten, larmoyanten, ja masochistischen Nationen; die Politik einer Großmacht gar, deren Führungskräfte sich in diesem unerträglichen psychologischen Zustande befänden, wäre unberechenbar und dadurch ein ungeheures Risiko. Zudem dürfte mittelfristig der Verlust der nationalen Ehre in einen Chauvinismus umschlagen, der an die Exzesse dieses Jahrhunderts durchaus heranreichen könnte.

Meine zweite Sorge gilt dem, was am Westen nachgeahmt werden soll. Sie haben vielleicht jene brutale, in der Bundesrepublik zirkulierende Karikatur gesehen, auf der ein hämisch blickender Mann zu seiner Frau ins Wohnzimmer tritt und sagt: „Laß uns ins Kaufhaus gehen." Sie blickt überrascht auf und fragt: „Wieso? Wir haben doch alles, was wir brauchen", worauf er antwortet: „DDR-ler angucken".

In der Tat ist der Verdacht nicht unbegründet, daß der Sog nach dem Westen bei manchen Bürgern der Ostblockstaaten primär mit dem Wunsch zu tun hat, den Konsumstandard des Westens möglichst rasch einzuholen, und daß Bedürfnisse nach geistiger Freiheit erst an späterer Stelle kommen. Nun ist jener Wunsch einerseits durchaus verständlich, andererseits besteht die Befürchtung, daß ihm alle sonstigen Werte zum Opfer gebracht werden sollen. Daß die Ostblockländer vornehmlich die Laster des Westens nachahmen, daß die Großzahl ihrer Bürger, wie die Oberschicht der Dritten Welt, zu abstoßenden Karikaturen des durchschnittlichen Westeuropäers werden, die sich Bedürfnisse zulegen, die sie nicht befriedigen können, ist zweifellos eine ernste Gefahr. Um eine Gefahr handelt es sich dabei nicht nur, weil die Aufgabe der eigenen Würde (die dort unweigerlich eintritt, wo man von Bedürfnissen abhängig wird, die man nicht selbst befriedigen kann) ein großes moralisches Übel darstellt.

Um eine Gefahr handelt es sich auch deshalb, weil – und ich komme hiermit zum dritten und entscheidenden Punkt, der zum Thema meiner Vorlesungen überleitet – die Universalisierung des westlichen Lebensstandards nicht möglich ist, ohne daß die Erde ökologisch vollständig kollabiert. (Aus diesem Sachverhalt folgt im übrigen aufgrund des kategorischen Imperativs der einfache, aber bestürzende Satz, daß der Lebensstandard des Westens nicht moralisch ist – ein Satz, auf den ich noch ausführlicher zurückkommen werde.) Würden alle Bewohner dieses Planeten soviel Energie verschwenden, soviel Müll produzieren, soviele Schadstoffe in die Atmosphäre ausstoßen wie die Bevölkerung der Ersten Welt, wären die Katastrophen, auf die wir zutaumeln, schon längst eingetreten. Die Tatsache, daß die Entwicklungstendenzen der westlichen Industriegesellschaften nicht fortsetzbar sind, ohne daß wir in einen Abgrund stürzen, ist heute kaum mehr strittig. Wer „Die Grenzen des Wachstums", „Global 2000", den Brundtland-Bericht, die Jahrbücher des Worldwatch-Instituts (insbesondere das von 1989/90) gelesen hat, der muß zu der Einsicht kommen, daß die Geduld der Erde zu Ende geht.[2] Bei allen Mängeln dieser Schriften, die bei der Analyse so komplexer Zusammenhänge wie des Weltklimas, der Entwicklung der Ernährungssituation, der Umweltbelastung unvermeidlich sind, ist es daher abwegig, ihrer Grundthese den Glauben zu verweigern – die demographische Entwicklung, die Erhitzung der Atmosphäre, die Zunahme giftiger Chemikalien im Wasser, die Erosion des Bodens, die Verdünnung der Ozonschicht, die Abnahme der Nahrungsmittel, die Verringerung der Artenvielfalt müssen eine Situation schaffen, in der es zu ökologischen Katastrophen kommen wird. Diese werden fast zwangsläufig zu Verteilungskämpfen führen, in denen der Einsatz von Massenvernichtungsmitteln um so wahrscheinlicher ist, je weniger ihre Lieferung an Dritte-Welt-Länder verhindert werden kann.

Strittig ist höchstens der Zeitpunkt dieser Katastrophen – und aus dieser Unsicherheit bezieht mancher der Älteren, aber auch der Jüngeren die Hoffnung, ihn werde es nicht mehr erwischen, und ebendeswegen brauche er nichts zu tun. Doch mit dieser zynischen Einstellung läßt sich langfristig kein Staat machen, und so ist es unvermeidlich, daß die ökologische Frage in baldiger Zukunft in den Vordergrund der Politik rücken wird. Sie wird zum Zusammenbruch des der modernen Kultur bisher zugrundeliegenden Paradigmas führen, und deswegen ist es nicht sinnvoll, daß die Länder mit Planwirtschaft das westliche Gesellschaftssystem ohne Korrekturen übernehmen. Sich in diesem Haus einzurichten, kann nur bedeuten, einem baldigen erneuten Beben ausgesetzt zu sein, das noch gewaltiger sein wird als das von 1989.

In der Tat scheint mir, daß der in Ostmitteleuropa eingetretene Paradigmenwechsel in einer Hinsicht nicht radikal genug war. So großartig es auch ist, daß der Kalte Krieg zu Ende ist, sosehr der nun errungene Konsens eine Chance zur Kooperation zwischen den Supermächten eröffnet, ohne die keines der globalen Probleme gelöst werden kann, so abwegig ist es doch angesichts der geschilderten Gefahren zu glauben, daß die Geschichte zu ihrem Ende gekommen sei. Sie werden von dieser These Fukuyamas, eines Beamten des amerikanischen State Department, gehört haben, die im letzten Jahr in USA und Westeuropa ausführlich diskutiert wurde: Mit der Annäherung der beiden Siegermächte, dem Sieg der westlichen Demokratie, sei der Gegensatz der Systeme überwunden und damit letztlich die Geschichte beendet.[3] Einerseits kann man das Aufatmen nachvollziehen, das mit dem Ende des Kalten Krieges durch das State Department gegangen ist, und insofern kann man zunächst für diese Behauptung eine gewisse Sympathie aufbringen. Wenn man allerdings an die ganz neuen Aufgaben, die radikalen Veränderungen in unserem Kategorien- und Wertesystem denkt, die in den nächsten Jahrzehnten auf der Tagesordnung der Geschichte stehen werden, dann kommt einem Fukuyamas Theorie teils abgeschmackt, teils gespenstisch vor. Wenn Hegel recht hat mit seiner These, daß nur geschichtslose Epochen Zeiten des Glückes sind, so kann man wenigstens dies vorhersagen, daß das 21. Jahrhundert keine Zeit geschichtsloser Langeweile werden wird. In ihm wird sich ein Paradigmenwechsel durchsetzen, verglichen mit welchem der Paradigmenwechsel des Jahres 1989, wie ich eben sagte, nicht radikal genug war. Inwiefern?

Nun, der Ost-West-Konflikt setzte, wie jeder Konflikt, eine gemeinsame Grundlage voraus – denn man kann sich nur streiten, wenn man ein gemeinsames Anliegen hat. Diese Grundlage war der Primat des Ökonomischen vor allen anderen Subsystemen der menschlichen Gesellschaft. Das Ziel, durch die Entwicklung der Technik möglichst viele wirtschaftliche Bedürfnisse möglichst vieler Bürger des eigenen Landes zu befriedigen, war Ost und West gemeinsam. Strittig war nur der Weg. Die Veränderungen in Ostmitteleuropa haben zu einem Konsens darüber geführt, daß zumindest unter bestimmten Bedingungen der Weg der sozialen Marktwirtschaft zu diesem Ziel eher führt als derjenige der Planwirtschaft. Wenn aber die ökologische Krise wirklich das Schicksal des 21. Jahrhunderts sein wird, dann ist es noch wichtiger, als sich über den Weg zu verständigen, die Frage zu stellen: Ist jenes gemeinsame Ziel wirklich sinnvoll?

Daß die Wirtschaft das dominante Subsystem, das Zentralgebiet der Kultur unseres Jahrhunderts ist, ist so offenkundig, daß es gar nicht leicht fällt wahrzunehmen, daß dies in der Geschichte keineswegs immer so war; und vielleicht ist diese Einsicht schwerer in einem Lande mit einer philosophischen Tradition, die, bei aller Anerkennung zahlreicher Veränderungen in der Wirtschaftsgeschichte, den Basischarakter des Ökonomischen als eine alle Epochen übergreifende zeitlose Wahrheit lehrte. Einerseits hat diese Lehre das Wesen des 19. und des 20. Jahrhunderts durchaus erfaßt – so sehr, daß im letzten Herbst in der Bundesrepublik der Witz kursierte, der Zusammenbruch des Sozialismus habe eines bewiesen – die Wahrheit des Marxismus; denn ein politisches System, das wirtschaftlich nicht effizient sei, könne nicht mit Legitimität rechnen. Andererseits ist unschwer zu sehen, daß etwa in der Antike das Verhältnis von Politik und Wirtschaft ein ganz anderes war als heute. Die politischen Entscheidungen, die die attische Polis zu treffen hatten, waren in nur geringem Maße wirtschafts-, finanz- und sozialpolitischer Natur,[4] während sich der moderne Staat, und zwar sowohl der kapitalistische als auch der sozialistische, primär mit Fragen dieser Art befassen muß. Immerhin kann ich Marx (der, um eine Banalität zu sagen, ein großer

Philosoph war) zugeben, daß die Verlagerung des Schwerpunkts der Subsysteme der Gesellschaft unter anderem durch die Veränderungen des Wirtschaftssystems bedingt ist: Die frühgriechische Wirtschaft war primär Subsistenzwirtschaft,[5] und daher empfand der antike Staat für seine Bürger eine ganz andere, unendlich schwächere wirtschaftliche Verantwortung als der moderne.[6]

Aber wenn die Wirtschaft keineswegs notwendig das Zentralgebiet jeder Kultur darstellt, wenn sie dies erst seit einiger Zeit ist und vielleicht schon bald nicht mehr sein wird, welche anderen Zentralgebiete hat es bisher gegeben, welches wird folgen? Um diese Fragen zu beantworten, will ich auf Carl Schmitt zurückgreifen.[7] Auch wenn man seine Theorie des Politischen als eines Freund-Feind-Verhältnisses als Unterbestimmung der Politik wird zurückweisen müssen, da sie die normative Frage nach der moralisch richtigen Politik gar nicht mehr zu stellen erlaubt, wird man doch anerkennen müssen, daß Freund-Feind-Bestimmungen, ja ihre Steigerung bis zum Krieg einen Wesensaspekt des Politischen enthüllen. Um mich kraß auszudrücken: Man hat einiges verstanden über die Natur einer Kultur, wenn man weiß, wofür ihre Mitglieder einander totzuschlagen und das eigene Leben zu riskieren bereit sind, und zwar in dem Glauben, die gegenseitige Tötung sei moralisch völlig legitim. Die Analyse der Natur der Kriege seit der Neuzeit zeigt nun einen bemerkenswerten Wandel, der es gestattet, meiner These von dem Paradigmenwechsel in der europäischen politischen Geschichte näherzukommen. Ich beschränke mich hier auf die neuzeitliche Geschichte, da es in einem bestimmten Sinne den Staat erst seit der Auflösung des Mittelalters gibt; das Politische als autonome, souveräne Kategorie gibt es erst, seitdem das Christentum nicht mehr das alles umfassende Legitimationssystem der europäischen Kultur ist; erst mit seiner Spaltung gelang es dem Staat, sich der kirchlichen Vormundschaft zu entwinden. Dennoch bleibt auch der neuzeitliche Staat auf das Christentum zunächst insofern angewiesen, als in seinen Augen nur das Christentum jene moralische Homogenität garantieren kann, ohne die ein Staat nicht bestehen zu können glaubt. Noch bis lange in die Aufklärung, ja im Grunde bis ins 19. Jahrhundert herrscht der Glaube, allein die Zugehörigkeit zur christlichen Religion garantiere die staatsbürgerlichen Rechte (man denke an das Problem der Judenemanzipation), und selbst ein Denker wie Hegel hält dafür, daß Religionslose keine Staatsbürger sein können (um vom toleranten Locke zu schweigen).[8] Am Anfang der Neuzeit ist aber die Zugehörigkeit zum Christentum noch nicht ausreichend; es ist die *konfessionelle* Homogenität, deren der Staat bedarf. Cuius regio, eius religio, ist das staatsrechtliche Grundprinzip des 16. Jahrhunderts, und die großen europäischen Kriege des 16. und 17. Jahrhunderts (einschließlich der scheußlichsten Form des Krieges, des Bürgerkrieges) haben nicht ausschließlich, aber doch immer wieder mit der konfessionellen Frage zu tun; sie kulminieren in der europäischen Katastrophe des 30jährigen Krieges. Als eines der wichtigsten Ergebnisse dieses Krieges, der Europa verwüstete, läßt sich die Entpolitisierung der Religion, jedenfalls der Konfession angeben. Mitbedingt durch die entsetzliche Katastrophe dieses Krieges (und der Mensch scheint Katastrophen zu bedürfen, um zu lernen) schälte sich die Einsicht heraus, daß zumindest in den zwischenstaatlichen Beziehungen, aber ansatzweise auch im Inneren eines Staates konfessionelle Homogenität kein notwendiges Erfordernis ist. Manifester Ausdruck dieser Einsicht ist die neue Frontenbildung, die wir am Ende des 30jährigen Krieges vorfinden: Das katholische Frankreich und das protestantische Schweden kämpfen Seite an Seite, weil beider nationales Interesse die Schwächung des Heiligen Römischen Reiches deutscher Nation gebietet. Die Staatsräson emanzipiert sich von der Religion. Ein wichtiges Resultat eines politischen Paradigmenwechsels ist, halten wir das jetzt schon fest, eine Veränderung der Freund-Feind-Achsen.

Das neue Paradigma der europäischen Politik ist nach einer nicht einfach zu fassenden Übergangsphase spätestens seit dem 19. Jahrhundert die Nation. Sie tritt das Erbe der Konfession sowohl in innen- als auch in außenpolitischer Hinsicht an. Nationale, nicht konfessionelle Homogenität wird das Ziel der Innenpolitik (auch wenn sich natürlich nationale und konfessionelle Abweichungen überschneiden können), und Kriege sind primär Nationalkriege. Wir sind so sehr durch diese spezifische Färbung des Kriegs seit dem 19. Jahrhundert bestimmt, daß wir uns kaum vorstellen können, daß etwa die Kriege des Mittelalters keine Nationalkriege waren: In Tannenberg kämpften nicht Polen gegen Deutsche, sondern Polen und Deutsche gegen Deutsche und Polen – die feudalen Abhängigkeiten, nicht die nationale Zugehörigkeit zählte. Einerseits bedeutet das Paradigma der Nation gegenüber dem der Religion einen Fortschritt. Der Wechsel gestattet der Religion eine größere Unabhängigkeit von der Politik ebenso wie eine Emanzipation des Staates von der Religion: Die jeder Religion anhaftenden irrationalen Momente werden von der Politik abgestreift. Und dennoch ist klar, daß die Nation notwendig eine antiuniversalistische Kategorie ist, während die Weltreligionen ihrer *Idee* nach universalistischer sind. Deswegen bedeutet dieser Paradigmenwechsel andererseits auch einen Rückschritt.

Ich denke, Carl Schmitt hat recht, wenn er in seinem berühmten Aufsatz über „Das Zeitalter der Neutralisierungen und Entpolitisierungen" auf die Sätze „Cuius regio, eius religio" und „Cuius regio, eius natio" den Satz „Cuius regio, eius oeconomia" folgen läßt (S. 87). Auch wenn dieser brillante Aufsatz des schonungslosesten und hellsichtigsten Diagnostikers der Politik im 20. Jahrhundert schon in den 20er Jahren dieses Jahrhunderts erschien, antizipiert er doch in besonderer Weise das Wesen der Nachkriegsgeschichte: Der Kalte Krieg war ein Krieg nicht zwischen Nationen, sondern zwischen zwei Bündnissystemen aus Staaten, deren Führungsmächte bezeichnenderweise keine Nationalstaaten mehr sind; als entscheidender Ausdruck der staatlichen Macht galt nach innen die Festsetzung eines bestimmten *Wirtschaftssystems*. Ihr wurden nationale Einheiten erbarmungslos zum Opfer gebracht: Man denke an Deutschland und Korea. Die Ökonomie löst die Nation ebenso ab, wie diese die Religion ersetzt hat. Nichts vielleicht zeigt in krasserer Form das Wesen unserer Zeit, als daß das Weihnachtsfest, das die Geburt des Gründers einer ursprünglich asketischen Religion feiern sollte, inzwischen zu einem ausschließlich wirtschaftlichen Ereignis verkümmert ist, das den Konsumrausch am Ende des Jahres in die tollsten Höhen treibt.

Zwar ist offenkundig, daß auch in der Gegenwart die nationale Bestimmung der Politik keineswegs überwunden ist: Auch wenn wir eine Weltwirtschaft haben, haben wir keine globale Wirtschaftspolitik, sondern mehr schlecht als recht koordinierte nationale Wirtschaftspolitiken. Aber zumindest läßt sich dies sagen, daß in den nationalen Politiken wirtschaftliche Aspekte eine zunehmende Rolle spielen, und zwar besonders seit der Entwicklung vom liberalen Rechts- zum leistenden Sozialstaat: eine Entwicklung, die sich keineswegs auf die sozialistischen Staaten beschränkt, sondern seit dem späten 19. Jahrhundert auch die Staaten mit Marktwirtschaft bestimmt.

Diese Entwicklung ist der Angelpunkt der neueren Geschichte; wer sie nicht verstanden hat, wird das Wesen weder der Innen- noch der Außenpolitik des 20. Jahrhunderts erfassen. Dennoch möchte ich mit Nachdruck festhalten, daß sie in einem gewissen Sinne *innerhalb* desselben Paradigmas verbleibt: Sowohl der klassische liberale als auch der Sozialstaat als auch der sozialistische Staat gehören in meiner geschichtsphilosophischen Deutung zum Paradigma der Wirtschaft, und die geistigen Unterschiede zwischen diesen Staatentypen und ihrer Politik – so groß sie auch sind – sind m. E. geringer als die Unterschiede zwischen der Politik eines Staates des 20. Jahrhunderts und eines Staates des 17. Jahrhunderts; sie entsprechen vielmehr den interkonfessionellen Gegensätzen des letzteren. Was die Bewertung dieser Entwicklung hin zum Sozialstaat angeht, so versteht es sich, daß sie einerseits als ungeheurer Fortschritt in der Rechtsgeschichte zu bezeichnen ist. Die soziale Frage war die quälendste moralische und politische Frage des 19. Jahrhunderts und mußte gelöst werden; privatrechtliche und selbst politische Gleichheit läßt sich bei krasser sozialer Ungleichheit nicht verwirklichen; die Einsicht in die Sozialpflichtigkeit des Privateigentums entspricht dem großen philosophischen Paradigmenwechsel von der Subjektivität zur Intersubjektivität.[9] Dies zu verkennen (u.a. aufgrund einer anachronistischen Verklärung der griechischen Polis) macht den Hauptmangel der politischen Theorie Hannah Arendts aus.[10]

Und dennoch besteht andererseits kein Zweifel daran, daß diese Entwicklung erstens die internationale Aggressivität der modernen Staaten gesteigert hat und zweitens eine der Ursachen für die gegenwärtige ökologische Krise ist. (Das ist der Grund, warum eine aggressive Außenpolitik oft gerade von Befürwortern sozialer Gleichheit im Inneren ausgehen kann – eine Einsicht, die denjenigen, die in der Banalität des Rechts-Links-Schemas befangen sind, nicht zu vermitteln ist, obgleich sie den Klassikern der Politik längst bekannt war (man denke etwa an Vico).[11]) Um die wirtschaftlichen Bedürfnisse der eigenen Bürger zu befriedigen und dadurch den sozialen Frieden zu erhalten, ist der moderne Staat zu einer Ausbeutungspolitik nach außen gezwungen, die in der Weltgeschichte einmalig sein dürfte. (Dies gilt im übrigen keineswegs nur für den Westen; man erspare mir eine nähere Analyse der Wirtschaftsbeziehungen der stalinistischen Sowjetunion mit ihren nationalbolschewistischen Tendenzen zu den sozialistischen Bruderländern.) In einer der tiefgründigsten Analysen der gegenwärtigen Situation[12] hat der Wiener Philosoph Hans-Dieter Klein von einer „national-sozialistischen" Tiefenstruktur der gegenwärtigen Weltpolitik gesprochen – wie ich meine, völlig zu Recht. Wenn Nationalstaat und Sozialstaatsprinzip bestimmende Grundzüge des Staates des 20. Jahrhunderts sind, dann ist es legitim, beide Termini, so wie Klein dies tut, zu verbinden. Erschreckend ist an dieser Verbindung natürlich der Anklang an den deutschen Nationalsozialismus und die durchaus gewollte Suggestion, bei ihm handle es sich nicht um eine abartige Verirrung dieses verruchten Jahrhunderts, sondern um die konsequenteste, daher auch enthemmteste Manifestation seines schauderhaften Wesens. (Selbstverständlich soll damit nicht die Einzigartigkeit der dem deutschen Nationalsozialismus eigentümlichen Verbrechen geleugnet werden, die aus der Negation des Rechtsstaates hervorgingen.)

Der nationale Sozialstaat muß in der Tat, wenn die Bedürfnisse seiner Bewohner ungeordnet wachsen, das zur Stillung dieser Bedürfnisse Erforderliche dort zu nehmen suchen, wo der Widerstand am geringsten ist. Dazu bieten sich im wesentlichen zweierlei Objekte an: einerseits die Natur, andererseits jene Nationen, die das Prinzip des sozialen Rechtsstaates noch nicht internalisiert haben, weil sie etwa noch in parafeudalen Verhältnissen leben, also die Völker der Dritten Welt. Ihre Ausnutzung kleidet sich mit dem Schein des Rechts auf folgende Weise: Die Natur gilt in der neuzeitlichen Rechtsphilosophie allgemein als rechtlos, und analog läßt sich von kommenden Generationen sagen, daß sie, als noch nicht existent, keine Rechte haben können. Die Plünderung der Dritten Welt schließlich wird damit legitimiert, daß ihre Bewohner die Prinzipien des modernen Rechtsstaates noch nicht anerkannt hätten. Dies ist nun leider zweifelsohne richtig; aber wer daraus ein Recht zur Ausbeutung ableitet, übersieht, daß er damit den inneren Widerspruch der Länder der Dritten Welt – formell, auf dem Papier ihrer Verfassungen, Rechtsstaaten zu sein, in Wirklichkeit aber nach unrechtlichen Prinzipien zu funktionieren – auf die Länder der entwickelten Welt, wenn auch in veränderter Form, überträgt. Denn deren Grundwiderspruch ist, daß sie im Innenverhältnis bestimmte moralische Prinzipien verwirklicht haben, die sie im Außenverhältnis mit Füßen treten.

An diesem Grundwiderspruch muß jeder moralisch sensible Bürger der Ersten Welt leiden, auch wenn dieses Leiden sich nicht immer in sinnvollen Formen objektiviert.[13] Worauf es mir jetzt allein ankommt, ist jedoch, daß dieser Widerspruch über kurz oder lang zu realem Verhängnis führt: Der ökologische Zusammenbruch „des blauen Planeten" und die katastrophale Situation der Dritten Welt, die selbst miteinander unlöslich zusammenhängen, sind das notwendige Resultat der „nationalsozialistischen" Tiefenstruktur unserer gegenwärtigen Politik, die im Bann des Paradigmas der Wirtschaft steht.

Die ökologische Krise wird zur Ablösung des bisherigen Paradigmas führen. Wir stehen an der Schwelle eines neuen Paradigmas – das Paradigma der Wirtschaft muß dem Paradigma der Ökologie weichen: Dies die These, die der Direktor des Instituts für Europäische Umweltpolitik, Ernst-Ulrich von Weizsäcker, in seinem großartigen Buch „Erdpolitik" entwickelt.[14] Auch wenn seine Einteilung der neuzeitlichen Geschichte in Jahrhundert der Religion, Jahrhundert der Fürstenhöfe, Jahrhundert der Nation, Jahrhundert der Wirtschaft etwas schematisch ist, muß man mit ihm anerkennen, daß das 21. Jahrhundert das Jahrhundert der Umwelt sein wird. Gute Politik wird diejenige sein, die die natürlichen Grundlagen unserer Lebenswelt global sichert – nicht mehr diejenige, die das quantitative Wachstum der Wirtschaft bzw. die Befriedigung der unsinnigsten Bedürfnisse ermöglicht, ebensowenig eine Politik, die die kulturelle und sprachliche Identität der eigenen Nation auf Kosten anderer anstrebt, und schließlich erst recht nicht eine Politik, die konfessionelle oder religiöse Homogenität mit Gewalt durchzusetzen sucht.

Eine genauere Kennzeichnung legitimer Politik im Jahrhundert der Umwelt ist einer späteren Vorlesung vorbehalten. Heute möchte ich mich damit begnügen, einige Konsequenzen weiterzuverfolgen, die sich in der Regel aus einem Paradigmenwechsel ergeben. Eine äußerst wichtige Folge habe ich schon erwähnt, als ich den 30jährigen Krieg streifte: Politische Paradigmenwechsel führen zu neuen Freund-Feind-Formationen. Denn da nunmehr etwas Neues als wesentlich angesehen wird, mag jemand, der unter den Kategorien des alten Paradigmas als Feind galt, der entgegengesetzte Interessen verfolgte, plötzlich als Freund erscheinen, da er im Hinblick auf das neue Zentralgebiet ähnliche Interessen hat wie man selbst. Paradigmenwechsel führen zu neuen Prioritäten, zu neuen Gewichtungen in den eigenen Werten und Interessen, und daraus ergeben sich unvermeidlich neue Koalitionsmöglichkeiten: Denn mit dem Verhältnis zwischen Gemeinsamkeiten und Differenzen verändern sich auch Freunde und Feinde. Verschiebungen in den Freund-Feind-Formationen sind keineswegs immer von einem Paradigmenwechsel verursacht; sie mögen taktisch bestimmt sein und werden dann nur von kurzer Dauer sein – etwa wenn ein gemeinsamer Feind erscheint, nach dessen Beseitigung die alten Konflikte, vielleicht verstärkt, wieder aufbrechen. (Ein klassisches Beispiel wäre etwa die kurzfristige Zusammenarbeit der UdSSR zuerst mit dem Dritten Reich, dann mit USA und Großbritannien während des 2. Weltkrieges.) Wenn sich aber nicht nur kurzfristig Interessen verändern, wenn neue Werte errungen werden, die vielleicht sogar nur gemeinsam verwirklicht werden können (das gilt nicht von nationalen Werten, wohl aber von der Sicherung der natürlichen Lebensgrundlagen), dann mögen Veränderungen in den Freund-Feind-Formationen langfristiger sein. M.E. besteht die Hoffnung, daß das Ende des Kalten Krieges – die wichtigste Veränderung eines Freund-Feind-Verhältnisses in der Zeit seit dem 2. Weltkrieg – von Dauer sein wird – allerdings nicht, wie Fukuyama zu meinen scheint, weil Freund-Feind-Verhältnisse nunmehr der Vergangenheit angehören, sondern weil sie, zumindest kurz- und mittelfristig, durch ein neues Freund-Feind-Verhältnis ersetzt werden werden.

Die Gründe für diese in den letzten Jahren erfolgte bedeutsame Wende in der Außenpolitik der Blöcke sind mannigfach und für den Außenstehenden nur zum Teil ersichtlich. Eine große Rolle spielten offenbar wachsende Einsichten des sozialistischen Blockes in die Mängel des eigenen Systems und in die Undurchsetzbarkeit des Weltkommunismus; darüber hinaus brach sich auf beiden Seiten die Erkenntnis Bahn, daß im Zeitalter der Massenvernichtungsmittel das Risiko eines Krieges unter allen Umständen verringert werden mußte. Eine wie große Rolle der Wunsch, gemeinsam die drängenden ökologischen Probleme anzugehen, gespielt hat, ist schwer abzuschätzen; wahrscheinlicher scheint mir, daß die Angst vor einer Verschärfung des Nord-Süd-Konflikts zu einer Entkrampfung des Ost-West-Konfliktes beigetragen hat. Denn leider scheint – keineswegs auf logischer Ebene, wie Carl Schmitt zu Unrecht unterstellt, wohl aber auf psychologischer Ebene – das Freund-Feind-Denken so sehr mit der Politik verwoben, daß eine globale, alle Menschen einschließende Politik, wie sie die Ethik fordert, nur mit großer Mühe zu verwirklichen ist; die Bedrohung durch einen neuen Feind scheint bei der Überwindung alter Freund-Feind-Verhältnisse eine große Rolle zu spielen. Zu hoffen ist allerdings, daß die ökologische Krise als der gemeinsame Feind der ganzen Menschheit erkannt wird, gegen den diese nur gemeinsam vorgehen kann; aber es würde mich keineswegs überraschen, wenn in absehbarer Zukunft die ökologische Frage der Anlaß zu neuen Kriegen würde und sich die Hauptgegensätze in der Außenpolitik an der Frage bildeten, wer was für die Rettung der Umwelt zu tun bereit ist.

Freund-Feind-Verhältnisse spielen nicht nur im zwischenstaatlichen Verhältnis eine Rolle (auch wenn sie hier am gefährlichsten sind, da sie zu einem Krieg eskalieren können); sie sind von Bedeutung offenbar auch im Inneren eines Staates (ja jeder Institution). Hier ist eine der Fragen, an denen sie sich zuspitzen können, die Gestaltung der eigenen Außenpolitik; und hierbei zeigt sich die komplexe Struktur, daß es an der Schwelle eines Wechsels in der Freund-Feind-Beziehung zwischen zwei Mächten in beiden Staaten zu *inneren* Gegensätzen darüber kommt, ob das Feindschaftsverhältnis fortzusetzen sei. Diese inneren Machtkämpfe können mit größerer Intensität ausgetragen werden als das außenpolitische Feindschaftsverhältnis. Ja, aus dem Grundaxiom der Logik der Freund-Feind-Beziehungen, das da lautet „der Feind meines Feindes ist mein Freund", ergibt sich die paradoxe Möglichkeit, daß diejenigen, die in beiden Staaten die Feindschaft weiterführen wollen – etwa weil sie daraus ihre Macht beziehen – zusammenarbeiten, und zwar gegen diejenigen, die die Feindschaft beenden wollen: Gemeinsame Aktionen der Sicherheitsdienste verfeindeter Staaten zu dem Zweck, eine Annäherung zu verhindern, spielen nicht nur in Spionageromanen eine Rolle.

Das langsame Heranreifen der Einsicht in die Überlegenheit des neuen Paradigmas führt dazu, daß sich, wie im Falle der Außenpolitik, innerhalb der traditionellen politischen Pole Gegensätze bilden, die stärker sind als die zwischen den Polen. Der Hauptgegensatz in der Innenpolitik der Bundesrepublik ist vielleicht schon heute, wird aber sicher in naher Zukunft nicht primär der zwischen den einzelnen Parteien oder zwischen den Arbeitgebern und Gewerkschaften sein; der Hauptgegensatz wird vielmehr der sein zwischen denjenigen Kräften bei den

Arbeitgebern, den Gewerkschaften, den Parteien, die am alten Paradigma festhalten, und denjenigen Kräften, die eine ökologische Umgestaltung der Industriegesellschaft anstreben. Zwar wird, wegen der bekannten Trägheit der Institutionen, der neue Gegensatz sich noch eine Zeitlang in den Kleidern des alten vermummen; aber jetzt schon spürt man, daß ökologisch denkende Christdemokraten und Sozialdemokraten einander näher sind als ihren dem quantitativen Denken verpflichteten Parteigenossen. Eine Gefahr dieser neuen Situation ist übrigens, daß demokratische Wahlen an Durchsichtigkeit verlieren: Da man Parteien und nicht Parteiflügel wählt, ist nicht immer klar, wen man eigentlich mit der eigenen Stimme unterstützt.

Was heißt heute noch „rechts" und „links" in der westeuropäischen Intelligenz? Es ist trivial, daß sich der Sinn klassischer politischer Prädikate dort verändert, wo sich ein Paradigmenwechsel ereignet. Denken Sie etwa an „reaktionär", „konservativ", „progressiv". Diese Worte haben nur dann eine konkrete Bedeutung, wenn man über eine Geschichtsphilosophie verfügt, die eine bestimmte Entwicklung auszuzeichnen erlaubt. „Progressiv" ist, wer auf das normativ ausgezeichnete Telos hinarbeiten möchte; „reaktionär" ist, wer zurück zu einem Zustand möchte, der vom Telos noch weiter entfernt ist als der gegenwärtige; „konservativ" ist, wer den Status quo bewahren möchte. Um aber in einem konkreten Fall zu entscheiden, welches Prädikat auf einen Menschen, eine Bewegung usf. zutrifft, muß man klare Ideen über das Telos der Geschichte, zumindest über ihre Entwicklungsrichtung haben. Wandeln sich nun die Vorstellungen über dieses Telos, wie das bei einem Paradigmenwechsel der Fall ist, dann ist die Verwendung der Prädikate nicht mehr eindeutig. Im Sinne des Paradigmas des Wirtschaftsdenkens ist progressiv, wer den Konsum bei möglichst vielen Menschen steigern möchte; im Rahmen des Paradigmas der Ökologie mag ein solches Verhalten unter bestimmten Bedingungen als reaktionär erscheinen, weil es von einem Zustand der Gesundheit der natürlichen Umwelt noch weiter wegführt. Die gegenseitige Beschimpfung des Gegners als „reaktionär" kann in einem Zustand der Paradigmenunsicherheit durchaus beiderseits mit gutem Gewissen geschehen.

Ganz knapp will ich im folgenden die verschiedenen geistig-politischen Strömungen der Rechten und Linken durchgehen und aufzeigen, inwiefern der angedeutete Paradigmenwechsel keineswegs mit der Unterscheidung zwischen „rechts" und „links" zusammenfällt.

Ohnehin haben diese zwei Begriffe einen äußerst diffusen Inhalt; wenn man gesagt hat, daß sich nicht einmal zwei Katholiken fänden, die an dasselbe glaubten, so gilt dies noch viel mehr von den Rechten und (vermutlich in noch größerem Maße) von den Linken. Mir scheinen diese Begriffe mehr etwas Emotionales – eine gemeinsame intellektuelle Herkunft, gewisse Solidaritätsgefühle – zu bezeichnen als etwas logisch Einsichtiges. Die Rechten denken vielleicht institutioneller, sie sind skeptischer gegenüber den Ansprüchen der Subjektivität und halten zäher an Traditionen, insbesondere religiöser Natur, fest. Das Pathos der Vernunft, das aufklärerische Ansinnen, alles müsse sich der eigenen Kritik unterwerfen, findet sich eher bei den Linken. Aber dieser ohnehin nur graduelle Unterschied (der etwa Rationalisten, die institutionell und religiös denken können, nicht erfaßt) ist unmaßgeblich verglichen mit der inneren Differenzierung. Um mit den Konservativen zu beginnen, so scheint mir Jürgen Habermas' bekannte Einteilung in Alt-, Jung- und Neokonservative[15] durchaus den Nagel auf den Kopf zu treffen. Die Altkonservativen, zu denen Habermas Jonas rechnet, denken metaphysisch; sie möchten ein substantielles Sein vor den Ansprüchen der modernen Subjektivität retten, die sie in der modernen Industriegesellschaft ebenso am Werke erkennen wie in der Reflexionskultur der Linken. Auf sie hat Heidegger einen großen Einfluß ausgeübt. – Die Jungkonservativen sind von Nietzsche beeindruckt; sie verwerfen die Ideen der Aufklärung und einer universalistischen Ethik; ihre Anfälligkeit für aggressiv nationalistisches, antilogisches, ja mythologisches Denken ist ausgeprägt. Die französische „Nouvelle Droite" wäre dazu zu rechnen; vermutlich lassen sich auch in gewissen Kreisen der Grünen Intellektuelle finden, die von der „Nouvelle Droite" schwer zu unterscheiden sind. – Die Neokonservativen sind die eigentlich Konservativen – sie möchten den Status quo bewahren. Der Status quo der modernen Industriegesellschaft ist freilich durch das Wachstumsprinzip bestimmt – sie verstehen sich daher selbst oft als die eigentlich progressiven Kräfte. Sie sind die energischsten Vertreter des Paradigmas der Wirtschaft, während Alt- und Jungkonservative diesem Paradigma kritisch gegenüberstehen: Die Altkonservativen – zumindest die bedeutendsten unter ihnen – denken schon im neuen Paradigma der Ökologie, während die Jungkonservativen letztlich den Diskurszusammenhang der abendländischen Rationalität verlassen und daher als reaktionär eingestuft werden müssen.

Was die Linken angeht, so möchte ich vier Gruppen unterscheiden und mich dabei an Habermas' Terminologie anlehnen. Einerseits gibt es die Neoprogressiven, zu deren Ahnen durchaus Marx gehört, die allerdings als Revisionisten die Entwicklung des Sozialstaates entscheidend gefördert haben und die sich inzwischen mit der gegenwärtigen Industriegesellschaft abgefunden haben. Sie sind die natürlichen Verbündeten der Neokonservativen, finden sich besonders in Gewerkschaftskreisen und zeigen keine große Sensibilität für das neue Paradigma. – Zu den Jungprogressiven gehören die meisten Postmodernisten; die der Linken stets als Gefahr drohende Luxuration der Subjektivität hat bei ihnen Ausmaße erreicht, die der Entwicklung und Präsentierung eines sachlichen Anliegens nicht förderlich sind. Dem Glauben an objektive Wahrheiten und objektive Werte haben sie abgeschworen; zu rationaler Kritik sind sie daher unfähig; der Fichtesche Gedanke, daß Intellektuelle besondere Pflichten hätten, entlockt ihnen nur ein müdes Lächeln; eine eigenwillige Mischung von geistigem Chaos, intellektuellen Prätentionen und verantwortungslosem Zynismus kennzeichnet ihre Ideen. – Die Altprogressiven stehen in der Tradition der Aufklärung, manchmal auch des Marxismus, setzen sich für universalistische Ideen ein und erkennen, daß diese ohne eine adäquate Reaktion auf die ökologische Krise nicht verwirklicht werden können, auch wenn letztere nicht im Zentrum ihrer Interessen steht. Habermas würde ich zu dieser Gruppe zählen. – Zu einer eigenen Gruppe möchte ich diejenigen rechnen, die ausdrücklich am neuen Paradigma arbeiten und sich für eine ökologische Realpolitik einsetzen.[16] Sie haben in den Altkonservativen und in den Altprogressiven ihre natürlichen Verbündeten.

Die vorgeschlagene Typologie scheint mir nicht nur für die gegenwärtige Situation zwischen dem Paradigma der Wirtschaft und dem Paradigma der Ökologie kennzeichnend. Sie ließe sich, mit gewissen Einschränkungen, unschwer auf alle Situationen eines Paradigmenwechsels verallgemeinern. In solchen Situationen wird es stets Vertreter des in einer Krise befindlichen Paradigmas geben; ihre Zähigkeit und Widerstandskraft ist beträchtlich und sollte nie unterschätzt werden, auch dann nicht, wenn sie intellektuell in die Defensive geraten: Denn sie verfügen gewöhnlich über die besten Kenntnisse des Machtapparates. Ebenso wird es stets den intellektuellen Chaoten geben, der von dem Schwebezustand geistig überfordert ist: Er erkennt zwar zu Recht die Untauglichkeit des alten Paradigmas, ist aber unfähig, konstruktiv an der Entwicklung des neuen mitzuarbeiten, und zieht daraus rein negative Konsequenzen: Es gebe keine Wahrheit, alles sei umsonst usw. Sein Verhalten weist manchmal Züge einer Infantilisierung auf, die teils beklemmend, teils grotesk sind (letzteres zumal, wenn ihm die Kulturindustrie die Möglichkeit gibt, damit Aufsehen zu erregen). Die dritte Möglichkeit besteht im Rückgriff auf Traditionen. Hier gilt es zu unterscheiden. Einerseits kann dieser Rückgriff, auch wenn er, anders als im zweiten Fall, existentiell ernst gemeint ist, reaktionär werden und zum Verkennen der eigentlichen Aufgaben führen: Cato Uticensis ist das klassische Beispiel für ein solches Verhalten. Gefährlicher wird dieser Rückgriff, wenn er nicht einzelne, sondern ganze Völker erfaßt: Die Geschichte unseres Jahrhunderts kennt einige furchterregende Beispiele. Ihr Land scheint mir in der Tat vor dieser Gefahr zu stehen: Die Krise des Marxismus mag dazu führen, daß die andere Alternative des ökonomischen Paradigmas, der westliche Weg, kritiklos nachgeahmt wird; sie mag aber auch zu der viel schrecklicheren Möglichkeit verleiten, daß dem Paradigma der Wirtschaft vorangehende Legitimationssysteme und die ihnen entsprechenden Freund-Feind-Verhältnisse aktiviert werden: Die Kämpfe zwischen Christen und Moslems gehören hierher, ebenso, daß selbst unter Intellektuellen der Antisemitismus sein häßliches Haupt erhebt. Diese Regression entbehrt, besonders da die Paradigmen von Nation und Religon in Ihrem Lande nicht „aufgehoben", sondern abstrakt negiert wurden, zwar nicht einer gewissen Logik; es muß aber mit Nachdruck daran festgehalten werden, daß sie nicht nur keine Lösung der gegenwärtigen Krise darstellt: Sie ist ein Rückfall entsetzlichen Ausmaßes. Ja, selbst wo sie harmlosere Formen annimmt, ja sich sogar mit dem neuen Paradigma zu verbinden trachtet, ist sie ein Irrweg: Naivität kann anmutig sein, aber es ist einfach zu naiv, die vorchristliche Naturreligion Litauens (bekanntlich der letzten Zufluchtsstätte des Heidentums in Europa) erneuern zu wollen, um die ökologische Krise zu bewältigen – wenn dies wirklich von einigen angestrebt wird, wie ich neulich las. Doch sosehr ich mit der Möglichkeit einer antilitauischen Desinformation rechne: Leider paßt das Ganze zu gut zur Logik von Krisenepochen, und deswegen wage ich es nicht, dieser Nachricht meinen Glauben zu versagen.

Und dennoch: Wenn die Zukunft dunkel ist, wenn das neue Paradigma nur in Umrissen erkennbar ist, dann kann nur der Rückgriff auf eine verklärte Vergangenheit dem Menschen die Kraft geben, die er braucht, um sich an die ungeheure Aufgabe zu machen, ein neues Paradigma zu erarbeiten. Denn nur die Kenntnis einer von der Gegenwart verschiedenen, aber doch realen Welt kann einem helfen, sich von den Mängeln der eigenen Zeit zu distanzieren, ohne dem Strudel der eigenen Subjektivität zu verfallen; und nur die Vergangenheit kann einem diese Kenntnis geben. Wer nicht in einer Tradition verwurzelt ist, wird die Zukunft nicht gestalten können; und es ist kein Zufall, daß die Ereignisse, die am Anfang der neueren westeuropäischen Geschichte stehen, Renaissance und Reformation, ihre geistige Kraft aus dem Rückgriff auf zwei uralte Traditionen schöpften: die griechisch-römische und das Urchristentum. Es kennzeichnet die russische Geschichte tief, daß sie an diesen beiden Ereignissen nicht teilgehabt hat; und wenn heute junge russische Intellektuelle ihre alten vorrevolutionären Traditionen wiedererwecken wollen (die 70 Jahre Totalitarismus vielleicht weniger haben zerstören können, als ein paar Jahrzehnte frenetischen Konsumismus es tun könnten), dann ist darin durchaus etwas Hoffnungsvolles zu erkennen. Freilich nur dann, wenn diese Traditonen nicht als Manier gepflegt werden, sondern wenn die in ihnen geborgenen geistigen Schätze benützt werden, um die Herausforderungen unserer Zukunft anzunehmen und das neue geistige Paradigma zu entwickeln, dessen das Jahrhundert der Umwelt bedarf.

II. Die geistesgeschichtlichen Grundlagen der ökologischen Krise

> „Sie sägten die Äste ab, auf denen sie saßen
> Und schrieen sich zu ihre Erfahrungen,
> Wie man schneller sägen konnte, und fuhren
> Mit Krachen in die Tiefe, und die ihnen zusahen
> Schüttelten die Köpfe beim Sägen und sägten
> weiter."

Wenn diese Worte Bertolt Brechts (Exil III) unsere Situation angesichts der ökologischen Krise adäquat wiedergeben, dann stellt sich die Frage, wie es zu einem solchen kollektiven Wettlauf in die Katastrophe gerade bei demjenigen Wesen kommen konnte, das sich selbst den biologischen Gattungsnamen Homo sapiens sapiens gegeben hat. Eine erste Antwort drängt sich sofort auf: Da Weisheit mit Harmonie und nicht mit Zerstörung zu tun hat, muß der Mensch, der Subjekt und Objekt der ökologischen Krise zur gleichen Zeit ist, dem Ideal der Weisheit abgeschworen haben; da aber, wie gesagt, die ökologische Krise durch ihn selbst gemacht ist und es zugegebenermaßen keiner anderen biologischen Gattung gelungen ist, so viele andere Gattungen zu zerstören und so unwiderruflich die biologische Situation des Planeten zu verändern, muß ein menschlicher Vorzug für den Raubbau an der Natur verantwortlich gemacht werden; und das kann nur eine bestimmte Form seiner Rationalität sein. Irgendwie scheint seit einigen Jahrhunderten die Balance zwischen den verschiedenen Gestalten der menschlichen Rationalität tiefgreifend gestört zu sein – einige Formen, darunter insbesondere die technische Rationalität, entfalten sich immer rascher, ja nehmen exponentiell zu; andere, die die Tradition mit Weisheit bezeichnete und die mit der Einsicht in Werte zu tun haben, stagnieren, ja regredieren. Vergleichen wir das biologische Wissen unserer Zeit mit dem des Aristoteles, so ist der Fortschritt unermeßlich; doch schon wenn wir das Bewußtsein des Aristoteles von der Notwendigkeit einer Einordnung des Lebendigen in das Ganze des Seins mit der Weigerung der modernen Naturwissenschaft, die philosophischen Voraussetzungen des eigenen Tuns zu reflektieren, vergleichen, kommen einem Zweifel daran, ob die Entwicklung in jeder Hinsicht als Fortschritt qualifiziert werden kann; von Verkümmerung schließlich möchte man sprechen, wenn man das sittliche Verantwortungsgefühl, das der antiken Wissenschaft eigentümlich war, mit der Unwilligkeit, ja Unfähigkeit des modernen Wissenschaftlers kontrastiert, von den weitreichenden Folgen seines Tuns moralische Rechenschaft abzulegen.

Dieses Mißverständnis zwischen Zweck- und Wertrationalität liegt dem modernen technologischen Zeitalter zugrunde; es ist die tiefste Ursache für die ökologische Krise und allgemein die Steuerungsprobleme der modernen Gesellschaften. Idealisierungen liegen mir fern: Es versteht sich, daß moralische Perversionen auch im vorindustriellen Zeitalter an der Tagesordnung, vielleicht sogar häufiger waren als heute; aber dem Menschen war nicht die Macht gegeben, die heute in seinen Händen ist. Es ist das Mißverhältnis zwischen Macht und Weisheit, das Anlaß zur Sorge ist; und dieses Mißverhältnis kann seinen geschichtlichen Ort nur haben bei einer Entwicklung der menschlichen Macht über die Natur, wie sie ausschließlich die Industriegesellschaft gewährt.

Um die Struktur der modernen Industiegesellschaft näher zu analysieren, scheint es mir sinnvoll, sie in die drei Elemente zu zerlegen, deren Zusammenschluß sie konstituiert hat, und diese im einzelnen zu betrachten. Es handelt sich um die moderne Wissenschaft, die moderne Technik und die kapitalistische Wirtschaft; ihre Verbindung liegt der „Superstruktur“ zugrunde, die den zunehmend schwerer zu kontrollierenden Motor der modernen Gesellschaft bildet.[1]

Es ist hier nicht der Ort, das Leib-Seele-Problem der menschlichen Kultur zu behandeln, also die Frage zu erörtern, ob die Priorität „Basis“ oder „Überbau“ zukommt; ontologisch genüge die Versicherung, daß offenbar materielle und ideelle Faktoren einer Kultur sich in beiden Richtungen beeinflussen. Methodologisch scheint mir aber offenkundig, daß den geistigen Faktoren eine Überlegenheit nicht abzusprechen ist – denn nur so läßt sich in der Geschichte Sinn finden. Selbst wenn die Lehre, daß der Kapitalismus notwendig zum Sozialismus führe, richtig wäre, könnte diese Entwicklung doch nur dann als Fortschritt bezeichnet werden, wenn man Kollektiveigentum für eine höhere Form des Eigentums hielte als Privateigentum; eine solche Überordnung wäre aber nur legitimierbar auf der Basis einer allgemeinen, normativen Kategorienlehre.

Sinn- und Wertfragen sind kausalwissenschaftlich nicht zu beantworten; sie weisen in eine Sphäre der Wesenserkenntnis, die die empirische Ursachenanalyse transzendiert. Im folgenden will ich daher, ohne jeden Anspruch auf eine erschöpfende Analyse der kausalen Abhängigkeiten, die Wesensgesetze angeben, die die Entwicklung der menschlichen Kultur bis zur ökologischen Krise bestimmen; insbesondere geht es mir um die Verschiebungen im Selbstverständnis des Menschen, in seiner Interpretation des Verhältnisses zwischen ihm und der Natur, die schließlich zum Naturbegriff der modernen Naturwissenschaft und Technik geführt haben. Freilich ist unschwer zu sehen, daß eine solche geistesgeschichtliche Betrachtung der modernen Naturwissenschaft, wie sie etwa Leibniz und Kant fernlag und erst durch den Historismus möglich geworden ist, zwei Irrwege vermeiden muß. Erstens darf sie nicht Geltung und Genesis verwechseln – eine Gefahr, der etwa Heidegger durchaus erlegen ist. Denn auch wenn wir zeigen können, daß ohne bestimmte geistesgeschichtliche Voraussetzungen es nie zur modernen Naturwissenschaft gekommen wäre, daß diese also in ihrer Genese auf die neuzeitliche Metaphysik bezogen ist, so heißt das noch lange nicht, daß ihr Naturbegriff das Wesen der Natur nicht vollständig erfaßt. Vielmehr sind die Erfolge der modernen Naturwissenschaft so ungeheuer, daß eine Theorie, die nicht zu erklären vermag, warum sich die Natur, wenigstens dem Anschein nach, dem Zugriff der modernen Wissenschaft und Technik gleichsam widerstandslos unterwirft, nicht überzeugend ist; und genau diese Erklärung leistet

Heideggers geistesgeschichtliche Relativierung der Naturwissenschaft im Unterschied zu den Entwürfen der klassischen Metaphysik und Transzendentalphilosophie, ja selbst der analytischen Philosophie nicht. Die zweite Gefahr hat mit der ersten zu tun, ist aber noch ernster. Hängt, wie sich herausstellen wird, die moderne Naturwissenschaft und Technik tatsächlich mit einer Gestalt der neuzeitlichen Metaphysik zusammen, dann liegt es für einen Kritiker dieser Wissenschaft nahe, mit ihr auch die Metaphysik zu verwerfen, in der die abendländische Rationalität einen der höchsten Versuche der eigenen Selbstklärung unternommen hat. Irrationalistische Konsequenzen haben sich den Kritikern der modernen Naturwissenschaft von Nietzsche bis Heidegger immer wieder aufgedrängt, und sosehr eine solche Verlegenheitsreaktion in einem Zustand der Paradigmenunsicherheit verständlich ist, sosehr ist sie doch dem eigenen Anliegen abträglich. Denn eine Kritik, die sich selbst nicht rational ausweisen kann, kann auf die Dauer nicht ernstgenommen werden.

Leider verfüge auch ich nicht über eine Naturphilosophie, die Tragweite und Grenzen der modernen Naturwissenschaft wirklich gerecht würde – ihre Ausarbeitung ist eine der Hauptaufgaben der Philosophie des neuen Paradigmas und wird erst gelingen, wenn wir uns von den Scheuklappen des gegenwärtigen Denkens noch radikaler befreit haben, als es uns bisher möglich war. Allerdings scheint es mir jetzt schon erlaubt, zwei Forderungen aufzustellen, denen die neue Naturphilosophie gerecht werden müssen wird. Sie wird erstens den Grundgedanken der neuzeitlichen Erkenntnistheorie, daß die Natur letztlich eine menschliche Konstruktion sei, und zweitens die starre Entgegensetzung von Objekt und Subjekt aufgeben müssen, die zu jenem ersten Grundgedanken geführt hat: Denn dies sind die beiden wichtigsten Voraussetzungen der modernen Naturwissenschaft und Technik. Gleichzeitig aber wird sie zwei Probleme lösen müssen, die scheinbar allein durch die genannten Voraussetzungen bewältigt werden können (was eine der Ursachen für ihren weltgeschichtlichen Erfolg ist). Sie wird erstens erklären müssen, warum eine apriorische Erkenntnis der Natur, wenigstens zum Teil, möglich ist – denn daß dies der Fall ist, scheint mir unbestreitbar, wie u.a. die Anwendbarkeit der Mathematik auf die Natur belegt. Und sie wird zweitens eine Antwort auf die Frage geben müssen, warum die menschliche Subjektivität, bei aller Zugehörigkeit zur natürlichen Welt, eine einzigartige Sonderstellung im Kosmos u.a. aufgrund der Fähigkeit besitzt, sich selbst allem gegenständlich Seienden entgegenzusetzen. Zwar scheint mir diese Entgegensetzung nicht die Wahrheit wiederzugeben; aber das ändert nichts daran, daß eine wahre Theorie des Universums eine Erklärung dafür geben muß, wie es zu diesem weltgeschichtlich so folgenreichen Irrtum gekommen ist.

Was das erste Desiderat angeht, so kann und darf ich mich hier mit allerknappsten Andeutungen begnügen, zumal ich dieses Problem anderswo schon ausführlich erörtert habe.[2] Mir scheint, daß der objektive Idealismus – der m.E. durch reflexive Argumente letztbegründet werden kann – die gesuchte Philosophie ist: Ihm gelingt es, die Wahrheit des Realismus ebenso wie des subjektiven Idealismus auf den Begriff zu bringen. Denn wenn sowohl die Natur als auch der subjektive und der intersubjektive Geist durch eine ideale Sphäre konstituiert sind, dann ist im Rahmen eines solchen Systems erstens der Geist durch die Natur hervorgebracht; damit sind die realistischen Einsichten bewahrt. Gleichzeitig aber erklärt sich, warum der endliche Geist durch sein apriorisches Denken, mit dem er die idealen Strukturen erfaßt, der Natur näherkommen kann – denn die Natur ist durch diese idealen Strukturen ontologisch bestimmt. Sie werden ihr nicht vom Subjekt übergestülpt, sondern machen ihr Wesen aus: Die Natur wird durch die ideale Sphäre konstituiert. Sosehr ich mir bewußt bin, daß der objektive Idealismus in der Gegenwart keine populäre Philosophie ist, sosehr bin ich doch überzeugt, daß er nicht nur die Schlußposition jedes Zyklus der Philosophiegeschichte ausmacht, sondern auch begründungstheoretisch die stärkste erkenntnistheoretische und ontologische Theorie ist; doch erspare man mir, hier Dinge auszuführen, die ich anderswo genauer ausgearbeitet habe.

Ich will mich statt dessen auf das zweite Desiderat konzentrieren, die Skizzierung einer adäquaten Theorie des Verhältnisses von Natur und Mensch, die freilich nur auf dem Boden des objektiven Idealismus möglich ist. Demnach ist der Mensch, wie gesagt, einerseits durch die Natur hervorgebracht und insofern durchaus ein Teil der Natur; andererseits ist er, als alleine der Einsicht in das Prinzip der Natur und seiner selbst fähig, durchaus etwas, was die Natur transzendiert, ja das Andere der Natur. Eben diese Ambivalenz des Menschen scheint mir das Hauptrātsel in jeder Theorie des Verhältnisses von Natur und Mensch.

Das „und“ zwischen „Natur“ und „Mensch“ wirft ontologische Probleme auf, die kaum etwas anderem in der uns bekannten Welt eignen. Denn wenn ich etwa sage „Pflanze und Tier“, so sind durch das „und“ zwei Dinge verbunden, die zwar unter einen allgemeinen Gattungsbegriff subsumiert werden können, von denen keines aber einen Teil des anderen darstellt, sondern die vielmehr einander entgegengesetzt sind. Umgekehrt stellt sich die Situation dar, wenn ich sage „das Herz und der Körper“: Hier geht es um die Beziehung zwischen einem Teil und seinem Ganzen; und es wäre absurd, beide einander entgegenzusetzen: Außerhalb des Körpers ist das Herz kein Herz mehr, und ohne Herz ist der Körper tot.

Mir scheint nun, daß die Beziehung zwischen Mensch und Natur zur gleichen Zeit beiden Relationstypen angehört, und eben dies macht sie so schwierig. Offenkundig gibt es in der Geschichte des Menschen eine Entwicklung von dem „inkludierenden“ zum „opponierenden“ Naturbegriff: Den Griechen war die Physis teils das Ganze des bewegten Seins mit Einschluß des Menschen, teils der ideelle Grund, das Wesen dieses Seins; nie aber wäre es den Griechen in den Sinn gekommen, den Menschen der Physis entgegenzusetzen.[3] Eben dies aber geschieht in dem Naturbegriff Descartes’, dessen dualistische Entgegensetzung von res cogitans und res extensa die Grundlage der modernen Naturwissenschaft ist.

Wie ist es zu dieser Veränderung im Naturbegriff gekommen? Grob vereinfachend, möchte ich in der menschlichen Geistesgeschichte fünf Naturbegriffe unterscheiden, die durch eine immer stärkere Herauswindung der Subjektivität aus der Natur gekennzeichnet sind. Der erste Begriff hat gattungsgeschichtlich am längsten vorgedauert, ist aber heute auf einige ganz wenige Inseln der Menschheit beschränkt, die vom Aussterben noch ernster bedroht sind als viele pflanzliche und tierische Arten. Es ist der Naturbegriff der archaischen Kulturen. Für sie ist der Mensch nichts als ein Teil des großen Organismus der Natur, die als göttlich und belebt verstanden wird. Die Mythen umkreisen diese Einheit des Menschen mit der Natur, und in den Riten versucht der Mensch, die eigene Gemeinschaft mit der Natur symbolisch zu feiern. Wissenschaft kann es auf diesem Niveau nicht geben, und die Techniken dieser Kulturen sind das, was Ortega y Gasset[4] die Technik des Zufalls nennt: Es gibt noch keinen eigenen Stand von Handwerkern, die die zufällig erfundenen Werkzeuge und Geräte systematisch perfektionieren. Geldwirtschaft ist in einer solchen Kultur undenkbar. Der Mensch vermag sich noch nicht aus der Gemeinschaft seines Stammes herauszureflektieren. Er ist in diesem Sinne noch keine eigentliche Subjektivität, sondern gleichsam Organ einer intersubjektiven Struktur, die die Anpassung an die umgebende Natur sucht und diese zu gutem Teil auch mit einer Weisheit erreicht, die den modernen Menschen ergreifen muß.[5]

Mit der Seßhaftwerdung, der Entwicklung des Ackerbaus, der Differenzierung der Stände, der Gründung von Städten und Staaten, kurz der Geburt der Hochkulturen, ändert sich das Verhältnis des Menschen zur Natur. Es kommt zur Technik des Handwerkers; Ansätze zur Wissenschaft bilden sich. Soziale Bedürfnisse spielen mit bei der ersten Anwendung quantifizierender Methoden auf die Natur: Astronomie und Geodäsie entstehen. Und doch ist die Wissenschaft hier noch unlöslich mit dem Mythos verbunden; zu einer kritischen Reflexion auf die Institutionen des eigenen Staates, zu einer Aufklärungsbewegung kommt es in den vorgriechischen Hochkulturen nicht, und deswegen hat etwa die babylonische oder die chinesische[6] Wissenschaft eine ganz andere Struktur als die griechische.

Die differentia specifica der griechischen Kultur gegenüber allen vorhergegangenen ist die Sophistik. In dieser ersten Aufklärungsbewegung der Weltgeschichte werden der Mythos ebenso wie die bestehenden sozialen Institutionen einer radikalen Kritik unterzogen; der Gedanke, daß sich alles vor dem Logos rechtfertigen muß, erscheint zum ersten Mal in der Weltgeschichte. Damit wird aber ein Typ von Wissenschaft geboren, der absolut neuartig ist: der Typ der deduktiven Wissenschaft, die Theoreme aus Axiomen ableitet. Vergleichen wir die griechische Mathematik mit der indischen, so werden wir feststellen, daß beide den Satz des Pythagoras kennen – doch mit einem wichtigen Unterschied: Die Śulvasutras teilen ihn mit, Euklid *beweist* ihn. Die griechische Mathematik, deren Strenge und Abstraktionsniveau von den Laien stets unterschätzt werden, ist nicht der einzige Beitrag der Griechen zur wissenschaftlichen Methode; mindestens ebenso bedeutsam ist die methodologische Reflexion Platons und Aristoteles' auf die Struktur der deduktiven Methode. Und dennoch unterscheidet sich die antike Wissenschaft in verschiedener Hinsicht radikal von der neuen; und ohne die Unterschiede beider Wissenschaftstypen zu fassen, läßt sich nicht begreifen, inwiefern die moderne Wissenschaft zur ökologischen Krise führen mußte. Der erste wichtige Unterschied ist zweifelsohne der, daß die Anwendung der Mathematik auf die Naturbetrachtung in der Antike nur isoliert vorkommt, und zwar in der Astronomie. Mir scheint übrigens, daß Platon im „Timaios" der Ausweitung dieser Anwendung sehr nahegekommen ist und daß Aristoteles' Entmathematisierung der Philosophie und Physik einen Schritt zurück auf dem Wege zur modernen Wissenschaft darstellt; doch heißt das keineswegs, daß der Sieg der Platonischen Konzeption ausreichend gewesen wäre für die Durchsetzung einer der modernen vergleichbaren Wissenschaft. Dazu hält die Antike zu starr an der lebensweltlich einleuchtenden Differenz zwischen sublunarer und supralunarer Welt fest; außerdem fehlt ihr eine systematische Theorie des Experiments. Ebendeswegen entwickeln sich bei den Griechen Wissenschaft und Technik parallel, ohne einander wesentlich zu beeinflussen; Archimedes ist die berühmteste Ausnahme.[7] Allerdings zeigt gerade Archimedes' Mathematik eine weitere Grenze der antiken Wissenschaft: Diese lehnt den Begriff des Aktual-Unendlichen ab, und deswegen vermag Archimedes seine Exhaustionsmethode nicht zur Infinitesimalrechnung weiterzuentwickeln.[8] In Platons Prinzipienlehre ist das „peras", die Grenze, das positive Prinzip, während das potentiell Unendliche durch die für die Unordnung verantwortliche „ahoristos dyas" generiert wird.[9] Es wirft viertens ein bezeichnendes Licht auf die antike Wissenschaft, daß die Wissenschaft, die der bedeutendste Wissenschaftstheoretiker der Antike, Aristoteles, am gründlichsten betrieben hat, die Biologie ist. Damit aber sind teleologische Vorstellungen in der Wissenschaft verankert; Beseeltes ist in der Antike durchaus Gegenstand der Wissenschaft. (Beseelt sind bei Platon und Aristoteles sogar die Gestirne.) Fünftens ist hervorzuheben, daß die antike Wissenschaft ausdrücklich in der Philosophie begründet ist. Das gilt zwar auch für die Anfänge der neuzeitlichen Wissenschaft; aber die Metaphysik der Alten ist doch grundsätzlich eine andere als die der Modernen. Denn für Platon wie für Aristoteles manifestiert sich das Allgemeine, das, wie sie zu Recht meinen, Gegenstand der Wissenschaft ist, in konkreten Dingen; in der modernen Wissenschaft ersetzt hingegen die Funktion die Substanz, mit der Folge, daß die einzelnen Glieder der Relation beliebig ersetzbar werden, wenn nur die funktionale Abhängigkeit der Parameter gewahrt bleibt. Und schließlich liegen der ganzen Antike konstruktivistische Ideen fern. Die Mathematik und die Naturwissenschaft entdecken und betrachten präexistentes Seiendes, in das sie nicht im mindesten eingreifen.[10]

Es ist offenkundig, daß der Wechsel von der antiken zur modernen Wissenschaft sich im Mittelalter vorbereitet – so richtig es natürlich ist, daß die mittelalterliche Wissenschaft in vielem einen Rückschritt gegenüber der antiken darstellt: Erst das 15. Jahrhundert sollte in der Lage sein, Archimedes zu verstehen. Und dennoch: Ohne diesen scheinbaren Rückfall wäre es nicht zur Idee des Unendlichen, zur Ersetzung der Substanz durch die Funktion, zur Entwicklung konstruktivistischer Ideen und damit zu einer Theorie des Experiments, schließlich zur

Entgegensetzung von Subjekt und Objekt gekommen. In meinen Augen ist Cusanus hier eine der Schlüsselfiguren; bei ihm erkennt man auch, wie sehr die Vorbereiter der modernen Naturwissenschaft von der Überzeugung durchdrungen sind, nur ihr neues Wissenschaftsideal werde dem Christentum gerecht. Denn nur wenn die Welt nicht endlich ist, kann sie Prinzipiat eines unendlichen Gottes sein: Auf diesen Gedanken gründet sich die Cusanische Kritik an der aristotelischen Kosmologie des Mittelalters.

Aber wieso bereitet das Christentum mit seinem vierten Naturbegriff den fünften und letzten der modernen Wissenschaft vor? Eben weil das Christentum einen transzendenten Gott lehrt, muß die Natur ihm gegenüber in einer Weise ontologisch depotenziert werden, die für die Griechen undenkbar gewesen wäre. Denn für die Griechen ist nicht nur der Mensch, auch die Götter sind ein Teil der Physis; und zwar sind es keineswegs nur die Götter des Mythos, die sich in den Schönheiten der Natur verbergen. Auch in den Systemen der hellenistischen Philosophien, die den Gottesbegriff stark entmythologisieren, gehört die Theologie zur Physik. Anders im Christentum: Die Natur ist hier nicht mehr Aus-Sich-Seiendes, sondern Prinzipiat, dessen Sein von der Relation zum unendlichen Schöpfer abhängt. In dieser Aufwertung der Relation ist die Desubstantialisierung der Natur impliziert, ihre Verwandlung in ein System aus funktional abhängigen Parametern. Besonders wichtig ist in diesem Zusammenhang natürlich die nominalistische Theologie, die, u. a. aufgrund ihres Voluntarismus, den aristotelischen Essentialismus der Hochscholastik zerstört. Es ist kein Zufall, daß die „Vorläufer Galileis im 14. Jahrhundert“[11] im Nominalismus ihre geistige Heimat haben.

Einleuchtend ist, daß nur der Monotheismus den Glauben an ein System konstanter Naturgesetze erwachsen lassen konnte – in einer polytheistischen Religion kann sich eine solche Naturdeutung nicht entfalten, weil die Möglichkeit von Eingriffen einander feindlich entgegengesetzter Götter besteht. Schwerer ist die Frage zu beantworten, ob nur die christliche Variante des Monotheismus die moderne Wissenschaft hervorbringen konnte. M.E. gibt es in der Tat ein gewichtiges Argument für die Bejahung dieser Frage: die Christologie. Keine andere monotheistische Religion hat den Menschen so sehr ins Zentrum ihrer Dogmatik gestellt – wenn Gott Mensch geworden ist, dann liegt bewußtseinsgeschichtlich der Umkehrschluß nahe, daß der Mensch Gott werden könne und müsse. Eben die Ersetzung Gottes durch den Menschen bricht sich aber Bahn in der subjektivistischen Wendung der Erkenntnistheorie, die die neuzeitliche Philosophie zunehmend kennzeichnet. Der Gedanke, daß der Mensch Schöpfer der mathematischen Entitäten sei, findet sich erstmals, ungeachtet seiner Bewunderung für Platon, bei Cusanus; doch ist der Mensch für den Cusaner Schöpfer der Mathematik nur, insofern er die göttliche Schöpferkraft nachahmt.[12] Eine doppelte Weiterführung charakterisiert die spätere Entwicklung: Einerseits wird der konstituierende Charakter des menschlichen Geistes abgekoppelt von seinem Bezug auf Gott; andererseits gilt zunehmend nicht nur die Welt der mathematischen Entitäten, sondern auch die empirische Welt der Natur als durch den Menschen mitkonstituiert. Kant und Fichte stellen die Schlußpunkte dieser Entwicklung dar, die die Natur jeder an sich seienden Würde beraubt.

Es ist offenkundig, daß das verum-factum-Prinzip die experimentelle Neubegründung der Naturwissenschaft geistig unterstützt hat; denn im Experiment schafft der Mensch die Natur gleichsam nach. Hier liegt auch die Verbindung von moderner Wissenschaft und Technik begründet; ich werde darauf zurückkommen. Zunächst aber muß Descartes' Beitrag zur Genese der modernen Wissenschaft untersucht werden.

In gewissem Sinne läßt sich Descartes als der Höhepunkt der im Wesen des Menschen angelegten Entwicklung verstehen, die Subjektivität immer radikaler aus der Welt herauszureflektieren. Mit Descartes gelingt es der Subjektivität, sich in einer Weise zu verabsolutieren, die weltgeschichtlich einmalig ist. Daß sich die Subjektivität zum archimedeischen Punkt der Welt macht, hat zur notwendigen Folge die Abwertung der drei anderen Sphären des Seins: Gottes, der Natur, der intersubjektiven Welt. Am brutalsten ist die Verdrängung des anderen Ichs:

Die Welt Descartes', wie die der meisten neuzeitlichen Philosophen, wäre vollständig, wenn sie nur aus Gott, dem Ich und der Natur bestünde; der Andere spielt weder methodologisch noch ontologisch eine Rolle. Doch ist auf diesen Fragenkreis im Rahmen dieser Vorlesungen nicht einzugehen.

Was Gott angeht, so ist er nicht erforderlich, um die Selbstgewißheit des Ichs zu begründen, die das fundamentum inconcussum der Philosophie auch dann bliebe, wenn es Gott nicht gäbe; nur Gott kann allerdings die Existenz einer objektiven Außenwelt garantieren. Er bleibt daher ontologisches Prinzip, verliert aber seine Stellung als methodologisches Prinzip der Philosophie.

Ein Schlüssel zum Verständnis der gegenwärtigen Verwüstung der Natur ist die Cartesische Lehre von der Natur. Diese wird als res extensa der res cogitans mit unbedingter Schärfe entgegengesetzt. Wichtig ist, daß die Grenze zwischen res cogitans und res extensa durch den Menschen selbst verläuft; denn die physische Natur des Menschen, sein Leib, wird ebenfalls zur res extensa gerechnet. Res cogitans ist nur das Bewußtsein des Menschen; die zum menschlichen Geist gehörigen unbewußten Denkvorgänge haben in der Cartesischen Systematik keinen Platz. Meiner Innenperspektive zugänglich ist stets nur mein eigenes Ich; und Descartes erwägt, verwirft allerdings, die Möglichkeit, daß es erstens keine Außenwelt und damit keine anderen Menschen, zweitens zwar eine Außenwelt gebe, zu der aber außer mir nur Automaten gehören. Doch während anderen Menschen Subjektivität eingeräumt wird, beharrt Descartes darauf, daß die nichtmenschliche Natur vollständig subjektivitätslos sei: Pflanzen und Tiere sind Maschinen ohne Innenseiten. Nun ist diese Auffassung so kontraintuitiv, daß man sich wirklich fragen kann, wie ein Mann von der Genialität Descartes' ernsthaft meinen konnte, etwa sein Pferd könne keinen Schmerz empfinden. Aber es ist unschwer zu sehen, daß diese kontraintuitive Theorie den Siegeszug der modernen Naturwissenschaft entscheidend begünstigen mußte. Denn erstens werden damit alle ethischen Bedenken gegenüber Tierversuchen beseitigt: Wenn das Tier eine Maschine ist, dann ist seine Vivisektion nichts Schlimmeres als das Zerlegen einer Uhr. Und zweitens wird das theoretische Rätsel fremder Innenseiten, die weder der äußeren Messung noch der Introspektion zugänglich sind, nach Art des Gordischen Knotens gelöst: Man braucht nicht anzunehmen, daß es in der außermenschlichen Natur einen Rest gebe, der mathematisch nicht aufgeht – eine Innenseite, die als solche nicht quantifizierbar ist, sondern sich in der Sphäre von Qualitäten bewegt. In der Tat ist die Überordnung der Quantität über die Qualität ein weiteres Grundmerkmal der modernen Wissenschaft, das sich schon in der Idee der cartesischen Geometrie ankündigt. Denn wenn die antike Geometrie noch von Formen und Gestalten wie dem Kreis handelte, gelingt Descartes deren Ersetzung durch quantitative Ausdrücke: In $(x_1-m_1)^2 + (x_2-m_2)^2 = r^2$ sind die anschaulichen Qualitäten des Kreises verschwunden.[13]

Durch die Verwandlung der Natur in quantifizierbare und mathematisierbare res extensa wird die Physik zur paradigmatischen Naturwissenschaft, der im Prinzip auch die Biologie nacheifern muß. Damit wird das intellektuelle und emotionale Verhältnis zur Natur, das der Mensch bis dahin gehabt hatte, beendet: Die Natur wird zum Anderen des Menschen, seiner absoluten Souveränität gnadenlos unterworfen. Im subjektiven Idealismus Berkeleys wird die Natur auf eine Summe subjektiver Vorstellungen reduziert; in Kants transzendentalem Idealismus wird zwar ein Ding-an-sich hinter den Erscheinungen angenommen, dieses ist aber unerfahrbar und daher nicht Gegenstand einer konkreten intellektuellen oder affektiven Beziehung. Was an der Natur erfahrbar, unserem Ich zugänglich ist, ist bei Kant Resultat der menschlichen Konstitution; und insofern sich bei Fichte Kants Ding-an-sich auf den rätselhaften Anstoß reduziert, wird bei ihm die Natur noch radikaler deontologisiert, eines eigenen Seins beraubt. Als der Subjektivität bar, wird die Natur notwendig auch entteleologisiert,[14] und dort, wo wie in Kants dritter Kritik ihr eine Zweckmäßigkeit zurückgegeben wird, wird diese Teleologie subjektivistisch verkürzt – als bloße Deutung des Ichs, nicht als das eigentliche Sein der Natur.

Es ist kein Zufall, daß die bedeutsamsten Versuche einer anticartesischen Naturphilosophie, die die Natur der Subjektivität nicht dualistisch entgegensetzen, sondern ihr selbst eine eigene Würde, ja Zweckmäßigkeit und eine dumpfe Form von Subjektivität zusprechen, verbunden sind mit einem Rückgriff auf die antike Physik, zumal die Aristotelische Lehre von der Teleologie – ich meine natürlich Leibniz, Schelling, Hegel. (Überhaupt sind die bedeutendsten Kritiker der Moderne stets durch eine tiefe Kenntnis der antiken Wissenschaft und Philosophie ausgezeichnet, während umgekehrt die Väter des modernen Subjektivismus – Descartes, Kant, Fichte – die Antike sei es bewußt beiseiteschieben, sei es nur sehr schlecht kennen.) Leibniz zieht aus der Tatsache, daß fremde Innenseiten nicht unmittelbar erfahrbar sind, eine Descartes entgegengesetzte Konsequenz – er spricht sie allem Seienden zu, und in Schellings und Hegels objektivem Idealismus ist die Natur zwar nicht schon in ihren anorganischen Gestalten beseelt, jedoch Geist-an-sich, etwas, dessen innerer Kern, dessen Telos Subjektivität ist, auch wenn sie erst nach einem langen Entwicklungsprozeß für sich wird, expliziert wird. Doch auch unabhängig von diesem Prozeß kommt der Natur eine eigene Würde zu – ist sie doch Prinzipiat des Absoluten, damit aber (zumal im Rahmen einer antivoluntaristischen Theologie wie der Leibnizschen und Hegelschen) etwas Sinnhaftes, in dem Seiendes, Gutes und Schönes konvergieren und das der Mensch als Abbild des Absoluten – nicht als seine eigene Konstruktion – zu verehren und zu lieben hat. Es ist zwar richtig, daß diese in der rationalen Theologie begründete naturphilosophische Tradition das Selbstverständnis nur der geringeren Zahl der modernen Naturwissenschaftler beeinflußt hat; dennoch, oder vielleicht gerade deswegen, scheint mir ihre Wiederbelebung und Weiterentwicklung von großer Bedeutung. Sie könnte einerseits ein Naturverständnis fördern, das der brutalen Unterwerfung der äußeren, aber auch der inneren Natur des Menschen (die Schäden des Cartesianismus in der Medizin sind unermeßlich)[15] Grenzen zu setzen erlaubte. Andererseits aber könnte sie konkret zeigen, inwiefern ein behutsamer, ja fürsorglicher Umgang mit der Natur keineswegs mit der modernen Naturwissenschaft inkompatibel ist – ein Schluß, der von den ökologisch besorgten Gegnern der Industriegesellschaft zunehmend gezogen wird. Es entbehrt nicht eines tieferen Sinnes, daß der schärfste Kritiker der neuzeitlichen Wissenschaft, Heidegger, den eben erwähnten zweiten Strang der neuzeitlichen Naturphilosophie nahezu ignoriert hat; Leibniz spielt anders als Descartes und Kant in seinem Werk kaum eine Rolle. Denn da Heidegger nicht daran interessiert ist, die Wahrheit des wissenschaftlichen Zugangs zur Natur „aufzuheben", da er eine solche vielmehr ganz und gar negiert, muß er sich auf jene Denker konzentrieren, bei denen tatsächlich ein Zusammenhang zwischen ihrer Metaphysik und der vollständigen Entwertung der Natur ersichtlich ist.

Wer allerdings begriffen hat, daß die Erfolge der modernen Naturwissenschaft theoretisch einer philosophischen Erklärung bedürfen und praktisch unverzichtbar sind, auch und gerade um die Natur zu retten, der wird mit besonderer Aufmerksamkeit auf Leibniz und Hegel zurückgreifen. Ohnedies ist klar, daß ihre Naturphilosophien in ihren Grundzügen mit der empirischen Naturwissenschaft kompatibel sind – Leibniz' Lehre von der Vereinbarkeit von causae efficientes und causae finales zeigt deutlich, daß seine Teleologiekonzeption keineswegs eine Unterbrechung der kausalen Ordung annimmt, von deren Durchgängigkeit er ebenso überzeugt ist wie Kant. Und wenn man erkannt hat, daß die Entsubjektivierung des Gegenstandes der Naturwissenschaft zwar unter bestimmten Bedingungen eine methodologisch nützliche Annahme sein mag, daß sie aber sachlich nicht schon damit legitimiert werden kann, daß fremde Innenseiten weder der äußeren Beobachtung noch der Introspektion zugänglich sind (denn auf dieser Grundlage müßte, wie im Behaviorismus in der Tat geschehen, auch dem Mitmenschen die Subjektivität abgesprochen werden), dann wird man erstens nach anderen Erkenntnisformen jenseits äußerer und innerer Erfahrung suchen, zweitens aber nach einer Metaphysik, die einen ontologischen Platz für einen solchen dritten Typus von Erfahrung bietet. Die Annahme, daß das, was nicht quantifizierbar ist, kein eigentliches Sein hat, ist ein Dogma; sie hat nichts mit Erfahrung in einem umfassenden Sinn des Wortes zu tun, sondern ist metaphysisch insofern, als sie auf einer vorgängigen, keineswegs notwendig rationalen Option basiert, die die Welt nur in einer bestimmten Weise wahrzunehmen gestattet.

Wodurch ist diese Option motiviert? Auch hierin, denke ich, hat Heidegger recht, wenn er die sich erst nach der Entstehung der neuzeitlichen Wissenschaft entwickelnde moderne Technik als das geheime Motiv der Cartesischen Zubereitung der Natur deutet: Bacons Naturbeherrschungspläne gehen den „Meditationes" voraus. Die moderne Naturwissenschaft entteleologisiert und entsubjektiviert die Natur zunehmend, weil sie sich nur so die eigene Souveränität beweisen zu können glaubt; und nur die andere Seite dieser Souveränitätsidee ist, die Natur neu schaffen zu wollen – als technische Welt der Artefakte. Das Aufwachsen und Leben in einer solchen Welt muß natürlich den cartesianischen Zugang zur Natur begünstigen und dem vorausgegangenen Begriff der Natur emotional jede Grundlage entziehen. Zwar ist es durchaus richtig, daß das wissenschaftliche und das technische Interesse an der Natur im Prinzip unterschieden sind – jenes ist theoretisch, dieses praktisch, jenes will nur betrachten, dieses eingreifen und verändern. Aber es ist ebenso richtig, daß die „Theoria" der Antike von der modernen theoretischen Einstellung durch einen tiefen Graben getrennt ist – den Graben des konstruktivistischen Selbstverständnisses der neuzeitlichen Erkenntnis. Dieser Graben des verum-factum-Prinzips ist es, der Wissenschaft und Technik der Neuzeit als zwei Seiten derselben Münze erweist, und das Angewiesensein der neueren Wissenschaft auf das Experiment ist nur die praktische Ausprägung dieses geistigen Prinzips. Im Experiment wird ein Teil der Natur nachgeschaffen – und zwar, gerade durch die Abstraktion von Störfaktoren, in einer Reinheit, die an den göttlichen Schöpfungsakt erinnert; die Isolierung einzelner Parameter gestattet aber ihre technische Verwertung. Die Versuchsanordnung ist häufig eine Maschine in nuce, und mit dem Fortgang der Wissenschaft ist diese selbst auf immer komplexere Apparaturen angewiesen, um theoretisch fortschreiten zu können. (Einsteins größerenteils a priori ersonnene spezielle und allgemeine Relativitätstheorie erinnert übrigens in mancherlei Hinsicht wie ein erratischer Block an den Wissenschaftstyp der antiken „Theoria".)

Ich habe schon angedeutet, daß der Siegeszug der neuzeitlichen Subjektivität, der sich in der modernen Naturwissenschaft und Technik ausspricht, in einer eigenwilligen Dialektik in eine einzigartige Erniedrigung des Menschen umschlagen kann.[16] Denn da der Mensch, als Leibwesen, auch Natur ist, heißt Herrschaft über die Natur notwendig auch Herrschaft über den Menschen, zunächst über den anderen, aber dann auch über sich selbst. Und zwar ist dies nicht nur dann der Fall, wenn die anderen sich rächen und mich ebenso ihrem Souveränitätswahn unterwerfen, wie ich es mit ihnen getan habe; selbst das Subjekt, dem es gelänge, die Gegenreaktionen der anderen abzuwehren und die ganze Natur (einschließlich der intersubjektiven Welt) dem eigenen Willen zu unterwerfen, würde sich der Möglichkeit, sich im anderen wiederzufinden, und damit seiner eigensten Subjektivität berauben: Das, was ihn aus der erstarrten Welt der Dinge anblickte, wäre tot; und wie in einem metallenen Spiegel würde er erkennen, daß seine zu einem Punkt zusammengeschrumpfte Subjektivität ebenso tot wäre wie die unermeßliche Welt der Objekte.

Die Dialektik der Technik liegt in folgendem: Einerseits beweist sie die Überlegenheit des Menschen über die Natur; sie liegt in seiner Fähigkeit begründet, Dinge als etwas zu sehen, was sie in ihrer natürlichen Einbettung gerade nicht sind, und sie den eigenen Zwecken nutzbar zu machen. Schon den ersten technischen Produkten, die zwischen dem Urmenschen und dem Tier eine klare Trennungslinie ziehen, eignet dieses Moment der Abstraktion (sosehr viele Erfolge der Technik auf die Nachahmung der Natur zurückgehen); ja, in dem Verzicht auf Bedürfnisbefriedigung, der mit der Arbeit am technischen Werkzeug verbunden ist, liegt durchaus ein asketisches Moment. Und andererseits ist ebenso klar, daß die Technik der schnelleren, extensiveren, intensiveren Bedürfnisbefriedigung dient – und zwar in erster Linie der natürlichen Bedürfnisse, da geistige Bedürfnisse primär durch theoretische Operationen befriedigt werden müssen, die durch technische Geräte nur in einem beschränkten Sinne erleichtert werden können. Indem die Technik den Menschen von der Natur befreit, bindet sie ihn auch wieder an sie, da sie neue Bedürfnisse erzeugt – Metabedürfnisse nämlich, also Bedürfnisse nach einer bestimmten, technisch vermittelten Weise der Bedürfnisbefriedigung. Es entspricht dem Infinitismus der modernen Wissenschaft, daß auch die moderne Technik, die anders als die vorneuzeitliche Techniken zu ihrer eigenen Potenzierung entwickelt, ihrer Natur nach grenzenlos ist – ist ein Bedürfnis befriedigt, wird ein neues geschaffen usw. ad infinitum; denn es läßt sich immer ein Mehr, ein Größer, ein Schneller vorstellen; jedes immanente Maß fehlt.

Unbestreitbar ist, daß die moderne Technik dem Menschen das Leben erleichtert hat – sie nimmt ihm z.B. zunehmend Arbeit ab, indem sie seine Organe verstärkt oder ersetzt: zuerst die motorischen, dann die sensorischen, schließlich die denkerischer Prozesse fähigen. Während zur Benutzung der vorneuzeitlichen Technik weiterhin menschliche Kraft benötigt wurde, bedarf es im Falle der Maschinentechnik primär geistiger Kontrolle; und durch Computer kann auch diese minimiert werden.[17] Aber der Mensch, der schließlich durch den Computer ersetzt wird, verliert mit der Arbeit auch den Weltbezug; und wenn es ihm nicht gelingt, in der geistigen Welt schöpferisch zu werden, muß dieser Verlust zu einer Luxuration der Subjektivität führen, die nur die Kehrseite der völlig verdinglichten und entzauberten Natur ist. Daß die aus den Spätzeiten aller Kulturen bekannten Symptome der Auflösung sozialer Bindekräfte durch das weltgeschichtlich Neue der Neuzeit, die moderne Technik, in beängstigender Weise potenziert werden, bestimmt den historischen Ort des späten 20. Jahrhunderts zumindest in den westeuropäischen Staaten und ist eine der Ursachen für die geringe Reaktionsfähigkeit der Politik auf die ökologische Krise.[18]

Das primum movens der modernen Technik ist, wie gesagt, der Machbarkeitswahn: Nur das, was vom Menschen selbst gemacht ist, kann Geltung beanspruchen. Da aber die moderne Naturwissenschaft ihre Erfolge den Methoden der Isolation und Abstraktion von aller Zweckmäßigkeit und Subjektivität in der Natur verdankt, müssen die durch die moderne Technik geschaffenen Artefakte eine vollständige Gleichgültigkeit gegenüber dem Ganzen der Natur besitzen. Es mag dahingestellt sein, ob, wie die Gaia-Theorie will,[19] unsere Erde wirklich als Organismus verstanden werden kann; klar ist jedenfalls, daß die Wechselwirkungen zwischen den verschiedenen Seinsschichten in ihr von außerordentlicher Komplexität sind, eine Balance zartester Natur darstellen, die eine beliebige Menge zur Befriedigung vereinzelter, ohnehin selbst erst künstlich erzeugter Bedürfnisse hergestellter Artefakta nicht aufzunehmen vermag. Offenkundig ist aber auch, daß nicht nur die Interdependenzen in biologischen, sondern auch diejenigen in sozialen Systemen durch die moderne Technik in unvorstellbarer Weise alteriert werden: Die Verhütungsmittel, die Massenmedien, die Massenvernichtungsmittel haben die Natur der Sexualität, der Kommunikation und Wirklichkeitswahrnehmung, des Krieges und der Außenpolitik für immer verändert.[20] Doch sind diese Änderungen nicht das, was ich hier im Auge habe. Die sozialen Nebenfolgen der Technik führen, zusammen mit der Verwandlung der Außenwelt in reine Gegenständlichkeit, zu Sozialtechnologien der Massenbeherrschung. Solange es noch nicht gelungen ist, den Menschen genetisch neu zu determinieren (und in der Logik des verum-factum-Prinzips liegt es, daß die Biologie alles versuchen wird, um dieses Ziel zu erreichen), muß wenigstens die Gesellschaft so beeinflußt werden, daß die Ziele der Subjektivität (diese kann ein einzelner, aber auch ein Kollektiv sein) unbedingt an dem sozialen Stoff verwirklicht werden können. Die Kontrolle über die Natur erweitert sich zur Kontrolle über die Gesellschaft, schließlich zum Kampf der verschiedenen Vorstellungen von der Kontrolle der Gesellschaft. Nichts kennzeichnet die Moderne tiefer als die totalitäre Idee von der Schaffung eines neuen Menschen – eine Idee, die selbst dem bestialischsten Despoten der alten Welt völlig aberwitzig vorgekommen wäre. Denn der Totalitarismus ist etwas spezifisch Modernes: Ohne das verum-factum-Prinzip, das er auf die Politik überträgt, läßt er sich nicht verstehen. Das Sich-Füllen der Welt mit Arsenalen von Massenvernichtungsmitteln, mit denen sich die Verwalter der verschiedenen Ideologien die gegenseitige Vernichtung androhen, offenbart den Wahnsinn des quantitativen, objektivierenden Denkens aufs krudeste: Der Selbstbehauptungswille der Ideologien spielt ernsthaft mit dem Gedanken eines kollektiven Selbstmordes der eigenen und vieler anderer Gattungen, der die Erde tatsächlich in ein anorganisches, subjektivitätsloses, reines Objekt verwandeln könnte. „Ich mache dich vollständig zum Objekt, indem ich dich vollständig auslösche", schreit dieser Selbstbehauptungswille seinem Spiegelbild zu und vergißt – oder nimmt in Kauf? –, daß damit dasselbe auch ihm geschehen würde. Doch dies Vergessen fällt ihm leicht, da er selbst schon zum Objekt erstarrt ist. Und er glaubt, so wie Osmin in der „Entführung aus dem Serail" Eindringlingen in den Harem die mehrfache Todesstrafe androht („Erst geköpft und dann gehangen, dann gespießt auf heiße Stangen"), den Ernst seiner Drohung durch den Aufbau eines *Overkillpotentials* verstärken zu können. Nichts zeigt den wahnwitzigen Triumph des quantitativen über das qualitative Denken eher als dieser Begriff des „Overkill" – als ob es einen Unterschied machte, ob man einmal oder zweimal tot ist, als ob nicht der Tod eine absolute *qualitative* Grenze wäre.

Die Superstruktur der modernen Industriegesellschaft geht, wie gesagt, auf die Triade von Wissenschaft, Technik und kapitalistischer Wirtschaft zurück: Ohne die Anwendung wissenschaftlich-technischer Methoden hätte die moderne Wirtschaft nicht den Rationalisierungsgrad erreicht, der sie vor der antiken auszeichnet, und umgekehrt hätte die technische Welt nicht eine so rasante Entwicklung genommen, wenn nicht wirtschaftliche Interessen diese angespornt hätten. Doch scheint es mir auch hier wichtiger, über die kausalen Wechselwirkungen hinaus den Sinnzusammenhang zwischen Kapitalismus und moderner Wissenschaft und Technik zu sehen. Drei Berührungspunkte fallen sofort auf: In der kapitalistischen Wirtschaftsform wird, wenigstens der Ideologie nach, der einzelne nicht wie im

Feudalismus in einen Platz in der Gesellschaft hineingeboren – er hat sich durch seine Arbeit erst zu dem zu machen, was er sein wird. Der „selfmade-man" ist das Ideal des verum-factum-Prinzips auf die Gesellschaftsform übertragen. Der zweite Punkt ist folgender: Wie Marx sehr richtig gesehen hat, gewinnt im Kapitalismus der Tauschwert einer Ware die Oberhand über den Gebrauchswert – damit aber verliert die besondere Qualität der Ware ihre Bedeutung gegenüber dem quantitativ in Geld auszudrückenden Preis. Indem der Kapitalismus jeder Ware, jeder Dienstleistung die Geldform aufzwingt, setzt er das cartesische Programm der Verwandlung von Qualitäten in Quantitäten in der Sphäre der Wirtschaft fort. Mit dieser Verwandlung wird aber drittens dem Infinitismus der Boden bereitet: „Allerdings ist aus G, G + ΔG geworden, aus den 100 Pfd. St., 100 + 10. Aber bloß qualitativ betrachtet, sind 110 Pfd. St. dasselbe wie 100 Pfd. St., nämlich Geld. Und quantitativ betrachtet, sind 110 Pfd. St. eine beschränkte Wertsumme wie 100 Pfd. St.... Die Bewegung des Kapitals ist daher maßlos." (MEW 23, 166f.) Mit tiefem Sinn setzt Marx dieser forma mentis die antike entgegen und zitiert Aristoteles' Entgegensetzung von Ökonomik und Chrematistik. Während Aristoteles die Ökonomik schätzt, weil sie eine innere Grenze hat, verwirft er die Chrematistik, die auf die Vermehrung des Geldes ins Unendliche aus ist und jedes immanenten Zieles entbehrt.[21]

Nun besteht kein Zweifel, daß die kapitalistische Produktionsweise (deren eben genannte Tendenzen im Sozialismus nicht überwunden wurden) eine Befriedigung auch elementarer Bedürfnisse in einer Weise ermöglicht hat, die in keiner anderen Wirtschaftsform denkbar war, und daß sie dem Ideal der Selbstbestimmung für möglichst viele Menschen nähergekommen ist als jede Wirtschaftsform der Vergangenheit – zumal nach ihrer Bändigung durch die Entwicklung des Sozialstaates. Ihr und der modernen Technik muß man daher einesteils mit Sympathie gegenüberstehen, und der Gedanke eines Ausstieges aus der modernen Technik und dem modernen Kapitalismus muß verworfen werden: Ohne Technik und Wirtschaft wird sich die Umwelt nicht retten lassen.[22]

Andererseits ist ebenso klar, daß der Infinitismus der modernen Welt, wie er sich z. B. in der demographischen Entwicklung der Menschheit seit der Industriellen Revolution manifestiert, nicht fortsetzbar ist – und zwar u. a. aus dem banalen Grund, weil die Erde rund ist und die Oberfläche einer Kugel begrenzt ist. Es gibt objektive Grenzen des Wachstums, und das enthemmte Anbranden gegen diese Grenzen im Namen eines unendlichen Fortschritts muß zwangsläufig in die Katastrophe führen. Eine andere objektive Grenze des Menschen ist im übrigen der Tod, und seine Verdrängung ist eines der notwendigen Merkmale der modernen Industriegesellschaften und eine der tiefsten Ursachen für die existentielle Banalität der meisten modernen Menschen. Rationalisiert wird angesichts des Todes die Anhäufung von Geld mit der Rücksicht auf die eigenen Kinder und Enkel – denen gleichzeitig die Lebensgrundlagen unter den Füßen entzogen werden: ein Vorgang, der grotesker Aspekte nicht entbehrt.

Wie ist es zu der ökonomischen Fortschrittsidee gekommen? Es ist von Wichtigkeit zu sehen, daß Stabilität eines der Hauptziele der antiken Politik war. Der Fortschritt bezog sich in der Antike, wie Hans Jonas sehr richtig gezeigt hat,[23] auf die vertikale Dimension: Er bestand darin, im Laufe des eigenen Lebens eine gewisse moralische Reinigung zu erreichen, die im Aufstieg in die transzendente, ideale Welt erblickt wurde. Die Neuzeit „horizontalisiert" diese Fortschrittsidee: Gesellschaften sollen es in der Zukunft, aber noch in dieser empirischen Welt, besser haben als heute. Allerdings scheint mir innerhalb dieser Horizontalisierung noch eine wichtige Veränderung stattgefunden zu haben: Für Kant heißt Fortschritt Fortschritt in der Verwirklichung der Rechtsidee; mit dem Schwinden des Glaubens an diese metaphysische Instanz reduziert sich aber der Fortschritt auf das Quantifizierbare und Meßbare in der sozialen Welt, also auf das Ökonomische. Das Wachstum des Bruttosozialprodukts wird zum wichtigsten Kriterium für den Fortschritt einer Nation.

Es liegt nahe, zur Erklärung dieses Vorgangs nochmals auf Carl Schmitts „Das Zeitalter der Neutralisierungen und Entpolitisierungen" zurückzugreifen. Parallel zur Triade Religion-Nation-Wirtschaft stellt Schmitt folgende Reihenfolge von Zentralgebieten für die neuzeitliche Geschichte auf: Theologie, Metaphysik, Moral, Ökonomie hätten den jeweiligen Schwerpunkt des geistigen Lebens des 16., 17., 18. und 19. Jahrhunderts gebildet.[24] Der Wechsel von einem Zentralgebiet zum anderen sei dadurch bedingt gewesen, daß man geglaubt habe, das frühere Zentralgebiet sei neutralisierbar und entpolitisierbar. Theologische, später metaphysische, schließlich moralische Fragen seien der privaten Sphäre zu überlassen; es sei nicht nötig, auf diesen Gebieten einen politischen Konsens zu erzielen, wenn man sich nur auf Fortschrittskriterien für den wirtschaftlichen Bereich einige. Schmitt erfaßt etwas Wesentliches an der Geschichte der Neuzeit – der Triumphzug des ökonomisch-technischen Denkens hat viel damit zu tun, daß man geglaubt hat, hier habe man etwas Objektives, Handgreifliches gefunden, das allem unabschließbaren weltanschaulichen Streit ein Ende bereiten könne.

Aber dieser Glaube ist – so erkennen wir am Ende des 20. Jahrhunderts – ein Irrtum. Wie der Streit der ökonomischen Systeme gezeigt hat, gehen in jedes Wirtschaftssystem moralische Optionen ein; diese Optionen müssen willkürlich bleiben, wenn nicht das Ganze des Seins erfaßt ist; dieses kann nicht begriffen werden, wenn sein Prinzip völlig unbekannt bleibt. Die Wirtschaft setzt die Moral, die Moral die Metaphysik, die Metaphysik die Theologie voraus – an dieser begründungstheoretischen Ordnung läßt sich, scheint mir, wenig rütteln. Allerdings ist es umgekehrt ebenso richtig, daß eine Lehre von Gott unvollständig bleibt, wenn sie nicht die Sphären des Seins betrachtet, zu denen das Absolute sich entfaltet; daß die rätselhafteste und großartigste Sphäre dieses Seins die ist, in der endliche Vernunftwesen moralische Entscheidungen zu fällen haben; schließlich, daß eine Moral versagt, wenn sie sich zu Kriterien für den Aufbau einer freien und gerechten wirtschaftlichen Ordnung nicht äußert und sich auf die Logik der Zweckrationalität nicht einläßt, sondern diese abstrakt negiert, statt sie sich unterzuordnen.

Der größte Irrtum der neuzeitlichen politischen und geistigen Geschichte besteht in dem Wahn, alle wesentlichen Fragen ließen sich in zweckrationale verwandeln; zu diesem Behufe dürfe die sich zum Zentrum des Seins aufschwingende Subjektivität alles außer ihr in einen quantifizierbaren Gegenstand verwandeln und mit ihm nach Gutdünken schalten und walten. Es wäre unschwer zu zeigen, ist aber nicht Thema dieser Vorlesungen, wie auch die modernen Sozial- und Geisteswissenschaften diesem Siegeszug der Zweckrationalität nicht nur nichts entgegenzusetzen, sondern vor ihm kapituliert haben: Während Adam Smiths Nationalökonomie ihren Platz noch in einer großangelegten ethischen Theorie hat,[25] während im 19. und frühen 20. Jahrhundert die Nationalökonomie häufig noch als Teil einer umfassenderen Sozialwissenschaft behandelt wurde, hat heute die ausschließlich quantifizierende Betrachtung die Oberhand. Und auch dort, wo in den Sozialwissenschaften das Quantitätsdenken noch nicht dominant geworden ist, führt doch das Postulat der Wertfreiheit dazu, daß die Sozialwissenschaften die Kluft zwischen Zweck- und Wertrationalität nicht zu überbrücken wissen. Denn die bloß objektivierende Beschreibung sozial realisierter Wertesysteme leistet keinen Beitrag zur Lösung der normativen Frage: Welches Wertesystem ist vernünftiger, moralischer?

Auch die Geisteswissenschaften haben auf die Beantwortung dieser Fragen verzichtet. Die Entstehung des modernen historischen Bewußtseins entspricht in vielem der Genese der Cartesischen Naturwissenschaft: Beide „entsubjektivieren" ihren Gegenstand, lassen ihn zum „objectum" verkümmern, um geistig und technisch über ihn verfügen zu können. Doch während zumindest die anorganische Natur dadurch in ihrem Wesen nicht vollständig verfehlt wird, ist die Verwandlung der Vergangenheit aus einem Gesprächspartner, von dem man lernen möchte, in einen reinen Gegenstand, über den man Informationen einholen möchte, deren Zerstörung; und es entbehrt nicht einer heimlichen Ironie, daß sich diese objektivierende und dadurch die Subjektivität ihres Gegenübers verfehlende Methode „objektive Wissenschaft" nennt.[26] Es ist bedrückend zu sehen, daß die Klassische Philologie, die die bedeutendsten Kritiker des modernen Wissenschaftsbetriebs von Vico über Nietzsche zu Heidegger inspiriert hat, heute zu einem Rädchen in der Maschinerie der „objektiven Wissenschaft" zusammengeschrumpft ist, ja daß sie sich auf diese Verwandlung, die sie einer umfassenden kulturellen Bedeutung beraubt hat, auch noch etwas einbildet.

Nicht daß die Geisteswissenschaften dem Wissenschaftsideal entsagen sollten: Vico zeigt ähnlich wie Leibniz – und anders als Nietzsche und Heidegger –, daß die Anerkennung einer Subjektivität eigenen Rechtes im Gegenüber mit rationaler Methodik durchaus kompatibel ist. Aber solange diese Anerkennung nicht stattfindet, ist die Kritik an einer Wissenschaft gestattet, ja geboten, die ihre methodisch-heuristischen Fiktionen, deren Nützlichkeit für die Beantwortung bestimmter Detailfragen nicht bestritten werden soll, für den einzig vernünftigen Zugang zur Wirklichkeit ausgibt. Hinter dieser Wissenschaft, die sich von der philosophischen Frage nach den höchsten Prinzipien und Werten emanzipiert hat, steht die neuzeitliche Subjektivität, die mit der Zerstörung der Idee eines die ganze Welt (einschließlich ihrer selbst) begründenden Absoluten und mit der Verwandlung alles außer ihr Befindlichen in ein reines Objekt ihren Eroberungsfeldzug eingeleitet hat, dessen letzte Konsequenz die Zerstörung des Planeten und damit ihrer selbst ist. Allerdings zeigen gerade die Siege und Erfolge der neuzeitlichen Subjektivität, in einer eigentümlichen Dialektik, die Falschheit ihrer Prämisse: Es ist zu offenkundig, daß eine objektive, gesetzmäßige Macht die moderne Subjektivität treibt – ansonsten könnten ihre Triumphe nicht so überwältigend sein. Es sind nicht freie Willensentscheidungen, die hinter der modernen Entwicklung stehen – es liegt etwas Zwanghaftes in ihrer Bewegung, was sich jeder Kontrolle zu entziehen scheint. Manchmal scheint mir die abendländische Zivilisation so hilflos wie die Heldin von Michalkovs Film „Sklavin aus Liebe", die sich am Ende in einer führerlosen Trambahn befindet, die sich schnell vom Betrachter wegbewegt und im Nebel verschwindet.

Aber gerade in diesem Zwanghaften liegt der Keim zur Hoffnung. Wenn es das absolute Sein selbst ist, das in der neuzeitlichen Subjektivität einen Ausdruck seiner selbst gefunden hat, und wenn – wie Heidegger nicht begreift – nur die reflexive Selbsteinholung einer Theorie Konsistenz zu verleihen vermag, dann dürfen wir hoffen, daß die entsetzlichen Zuckungen der sich als Technik ausbreitenden Subjektivität, deren Zeuge unsere Generation ist, weder der Schlußpunkt der Entwicklung sind, noch daß diese Subjektivität nur ein Irrweg war. Denn dann könnte unsere Theorie, als Produkt dieser Zeit, keinen Anspruch auf Wahrheit erheben. Wir dürfen hoffen, an einem Wendepunkt der Geschichte des Menschen, ja des Seins zu stehen, wir dürfen hoffen, daß die moralische Autonomie (die ja auch ein Produkt der neuzeitlichen Subjektivität ist) es uns gestatten wird, den Golem der modernen Technik noch rechtzeitig zu stoppen. Wir dürfen hoffen, daß es einer kollektiven Kraftanstrengung aller Menschen guten Willens gelingen wird, einer Welt vorzuarbeiten, in der die Freiheit des einzelnen nicht nur versöhnt ist mit den Rechten der Gemeinschaft, sondern auch mit einer Natur, die nicht mehr als bloße res extensa gedacht und empfunden wird – daß, um es kurz zu sagen, die Entwicklung der verschiedenen menschlichen Naturbegriffe sich wendet und, auf einer höheren Ebene, zu dem ersten zurückkehrt und mit ihm eine Synthese bildet.

Aber wir wissen nicht, ob die Vernunft rechtzeitig in die Lokomotive des Zuges vordringen wird, der auf den Abgrund zurast und in dem wir alle sitzen, und ob sie sie rechtzeitig zum Halten bringen wird (zumal der Bremsweg lang ist). Was aber ist die Lokomotive der modernen Welt? Sicher die Wirtschaft. Ihr bewegendes Prinzip aber, ihr Motor, sind die popularisierten Werte und Kategorien der neuzeitlichen Philosophie – der Machbarkeitswahn, das Überschreitenwollen jeder quantitativen Grenze, die Rücksichtslosigkeit gegenüber der Natur. Eine Philosophie, für die Verantwortung nicht ein leerer Begriff ist, wird daher versuchen müssen, erstens neue Werte zu erarbeiten und sie zweitens an die Gesellschaft und an die Führungskräfte der Wirtschaft weiterzugeben – und zwar so schnell wie möglich. Denn die Zeit drängt.

III. Ethische Konsequenzen aus der ökologischen Krise

Um keine Mißverständnisse aufkommen zu lassen: Keineswegs alles an der neuzeitlichen Subjektivität darf und soll negiert werden, um die ökologische Krise in den Griff zu bekommen. Die Idee der Wissenschaft – der Versuch, das Seiende auf einige wenige Prinzipien zurückzuführen – ist sublim und, wie die antike Wissenschaft zeigt, dem Programm der Philosophie wesenverwandt; diese Idee zu verabschieden, wie dies letztlich Heidegger anstrebt, müßte einen furchtbaren Rückschritt in der Bewußtseinsgeschichte des Menschen bedeuten. Was wir brauchen, ist nicht die Zerstörung der Wissenschaft und damit letztlich auch der Vernunft, sondern ihre Umwandlung. Die Wissenschaft muß ganzheitlicher werden, sie darf ihren Gegenstand nicht auf ein Objekt reduzieren und ihm jede Subjektivität absprechen, sie muß ihre kausalwissenschaftliche Methode einbinden in eine Konzeption der Wesenserkenntnis, deren Kern die Idee des Guten ist; sie muß ihr konstruktivistisches Selbstmißverständnis im Sinne des objektiven Idealismus korrigieren. – Ebensowenig kann die moderne Technik verabschiedet werden. Auch hier ist allerdings zu fordern, daß die Frage „Ist das machbar?" begleitet wird durch die Frage „Ist es sinnvoll, dies zu machen?". Der Techniker sollte im voraus die ökologischen und sozialen Folgen seines Handelns abzuschätzen suchen und bei Überwiegen des Negativen, ja schon im Zweifelsfalle auf die Verwirklichung seiner technischen Idee verzichten; er sollte in dieser seiner Fähigkeit zum Verzicht eine höhere Form von Freiheit erkennen als in der Befriedigung aller Bedürfnisse.

Zu dieser Einsicht kann ihm eines der großartigsten Erzeugnisse der neuzeitlichen Subjektivität verhelfen – ich meine die universalistische Ethik Kants. Diese Ethik ist in der Tat etwas, auf das die Moderne besonders stolz ist, das sie gegen alle Regressionsversuche eifersüchtig verteidigt und das das moralische Überlegenheitsgefühl des bürgerlichen Zeitalters mitbegründet hat und bis heute mitbegründet. Und dies durchaus zu Recht. Denn die Einsicht, daß jeder Mensch, unabhängig von seiner Zugehörigkeit zur eigenen Polis, wie in der Antike, unabhängig von seiner Religion und seiner Stellung in der sozialen Struktur der Gesellschaft, wie im Mittelalter, die gleichen Rechte hat, bedeutet inhaltlich eine Revolution aller Moral; und nicht weniger großartig ist die formale Revolution, daß das Sittengesetz dem Menschen nicht von außen aufoktroyiert wird, sondern sein innerstes Wesen ausmacht. In der praktischen Philosophie gewinnt Kant jene Dimension des Absoluten wieder, die er in der theoretischen Philosophie vernichtet hatte; und es spricht nicht für Heidegger (ja die ganze Philosophie des 20. Jahrhunderts), daß er diese Manifestation des Absoluten, die das Sittengesetz darstellt, in seine Philosophie nicht zu integrieren gewußt hat. (In diesem Sinne scheint mir die These nicht zu gewagt, daß auch Heidegger zum „Gestell“ gehöre; Ausdruck dieser Zugehörigkeit ist im übrigen, daß auch er insofern dem Konstruktivismus verhaftet bleibt, als er, als Historist, keinen eigenen Naturbegriff hat, sondern nur eine Theorie von den verschiedenen seinsgeschichtlichen Konstruktionen der Natur. Zwar ist diese Geschichte nicht etwas bloß Subjektives, vom Menschen Gemachtes, aber das Sein, das sich in ihr ausspricht, ist jedenfalls nicht nach Art einer realen Natur konzipiert.) Kants Ethik kann die Überwindung des formalen Freiheitsbegriffs lehren, der glaubt, Freiheit bestehe darin, das zu tun, was man wolle; sie kann die Einsicht auf das Problem lenken, daß Freiheit vielmehr im richtigen Wollen besteht – wer Illegitimes will, ist (auch und vielleicht in besonderem Maße, wenn er seinen Willen befriedigen kann) unfrei, da seine Bedürfnisse nicht aus dem Wesenskern seiner Persönlichkeit stammen, sondern heteronomer Natur sind: durch angeborene Triebe, durch die Gesellschaft usf. induziert.

Und dennoch verlangt die ökologische Krise eine Weiterführung, ja Korrektur der Kantischen Ethik in drei verschiedenen Hinsichten, von denen die erste, die metaphysische, hier nur angedeutet zu werden braucht, weil ich sie anderswo schon ausgeführt habe;[1] die zweite betrifft den konkreten Inhalt des Sittengesetzes; die dritte schließlich das Motivationsproblem. Um mit der ersten Hinsicht zu beginnen, so glaube ich mit Kant, daß normative Sätze nicht aus deskriptiven abgeleitet werden können; doch impliziert dies keineswegs eine dualistische Ontologie, nach der das Sein in die Welt der Fakten und die Welt der Normen auseinanderfällt. Denn innerhalb einer solchen Ontologie muß ja die empirische Welt – zu der auch die Natur gehört – notwendig jeder eigenen Dignität entbehren; das ist aber nicht das, was das Zeitalter der ökologischen Krise braucht. Aber bedeutet diese Kritik nicht die Rückkehr zu einer aristotelisierenden Ontologie, wie sie sich etwa bei Hans Jonas findet, der konsequenterweise Humes Kritik am naturalistischen Fehlschluß zurückweist?[2] M.E. gibt es einen dritten Weg zwischen einem Monismus des Seins, wie er die aristotelische Konzeption kennzeichnet, und einem Dualismus zwischen Fakten und Normen, wie er für Kant charakteristisch ist. Es ist die Annahme, daß das Sittengesetz die empirische Welt prinzipiiert. Diese Annahme ist, ich weiß, ebenso befremdend wie die objektiv-idealistische Lösung des Rezeptivitäts-Konstruktivitäts-Dilemmas der Erkenntnistheorie; nichtsdestotrotz halte ich sie für richtig. Das Sittengesetz gehört einer eigenen idealen Welt an – das ist mit Kant gegen allen Aristotelismus festzuhalten –, aber es ist trotzdem nichts ontologisch radikal Anderes gegenüber der natürlichen Welt, weil es vielmehr ihr Grund ist. In der Entwicklung der Natur, die in der Erzeugung des Geistes gipfelt, ist die ideale Welt präsent; insofern die Natur an ihren Strukturen partizipiert, ist sie selbst etwas Werthaftes. Daher schließen sich m.E. Naturalismus und Transzendentalphilosophie nicht aus: Einerseits ist es die Natur selbst, die sich den Geist entgegensetzt; und wenn ich in der letzten Vorlesung von verschiedenen menschlichen Begriffen von der Natur sprach, so hätte ich ebenso von verschiedenen Selbstdeutungen der Natur im und durch den Menschen reden können. Denn schon im ersten Organismus bricht eine Differenz zwischen Ist und Soll auf, die sich in der Entwicklung von Pflanze, Tier und Mensch immer mehr vertieft; und diese Differenz zwischen Ist- und Sollwert bedingt, daß der Organismus sich selbst nur bewahren kann, indem er seine Umwelt assimiliert – und zwar ist diese desto komplexer, je höher er selbst ist: Die Pflanze löst nur Mineralisches auf, um sich zu ernähren; heterotrophe Organismen, Tiere, bedürfen zu ihrer Selbsterhaltung organischer Substanzen. Je tiefer die Subjektivität, desto stärker ihre Entgegensetzung zur sie umgebenden Natur – dies ist ein Gesetz der Natur selbst; und deswegen kann man die Cartesische Lehre von einer Opposition von res cogitans und res extensa durchaus als Schlußpunkt einer Entwicklung sehen, die im dialektischen Wesen der Natur begründet ist, die immer komplexere Wesen erzeugt, die notwendig gegen ihre Grundlage revoltieren. In der ökologischen Krise erweist sich, paradoxerweise, die innerste Entwicklungstendenz der Natur in größter Schärfe. Allerdings sorgt die Endlichkeit der Tiere dafür, daß sie die negative Rückkopplung nicht vernichten, die die Ökosysteme bestimmt, in denen sie leben. Die Löwen können nicht alle Gazellen töten, und allein dadurch sichern sie das eigene Überleben. Mit dem Wachsen der menschlichen Macht ins Unermeßliche werden freilich diese Ausgleichsmechanismen zerstört – wenn sie nicht eine Weisheit, die sich als Hüterin der Natur versteht, bewußt bewahrt.

Andererseits ist die Tatsache, daß die Natur notwendig Subjektivität erzeugt, nur transzendentalphilosophisch zu begreifen: Indem wir erkennen, daß die Subjektivität unhintergehbar ist, erheben wir uns über alles Empirische; wir sehen ein, daß dieses Empirische, also die Natur, in der Subjektivität seinen Grund hat – aber nicht in der unseren, die aus der Natur hervorgeht, sondern in einer absoluten, idealen Subjektivität. Diese ist das Wesen der Natur, und ebendeswegen kann, ja muß die Natur sich zur organischen, ja geistigen Welt läutern.

Aus dieser metaphysischen Aufwertung der Natur ergibt sich, was den zweiten, den Inhalt des Sittengesetzes betreffenden Punkt angeht, eine wichtige Korrektur gegenüber der Kantischen Ethik: Auch die Natur ist Objekt sittlicher Pflichten. Dies folgt daraus, daß sie an den idealen Strukturen partizipiert

– sie verwirklicht Werte, und diese Werte dürfen nicht ohne Not zerstört werden. Ohne Not heißt hier: ohne daß diese Wertverletzung durch die Bewahrung eines höheren Wertes legitimiert werden kann. Dies führt zum Desiderat einer Wertethik; und in der Tat bin ich, ganz unabhängig von der Frage der ökologischen Krise, der Ansicht, daß ohne eine materiale Wertlehre die Ethik über Abstraktionen nicht hinauskommt.[3] Ich bin ferner der Ansicht, daß eine materiale Wertethik mit Kants Autonomieideal durchaus kompatibel ist, wenn sie auf dem Boden des objektiven Idealismus entwickelt wird.

Aber wie genau ist das Verhältnis von Natur und Geist zu bestimmen? Klar ist, daß das Leben eines Menschen stets höher steht als das Leben eines jeden Tieres. Denn auch wenn sich in jedem Organismus Werthaftes verwirklicht, so ist doch das Werthafte in jenem Wesen, das alleine die Wertfrage zu stellen vermag, dem organisch Werthaften unendlich überlegen; und sicher ist auch die Erkenntnis des Wertes eines Naturwesens etwas Höheres als die bloße Existenz dieses Wertes. Aber dies impliziert nicht, daß der Erfüllung jeder Laune des Menschen alles Beliebige, was nur natürlich ist, zum Opfer gebracht werden darf. In einer Art etwa, dem Resultat eines Jahrmillionen währenden Selektionsprozesses, ist soviel Differenziertheit, soviel natürliche Weisheit geronnen, daß ihre Vernichtung nur dann moralisch sein kann, wenn sie etwa menschliches Leben bewahren hilft (man denke z. B. an die Tse-Tse-Fliege). Es kann aber nicht gestattet sein, Biotope, in denen allein bestimmte Arten überleben können, zuzubetonieren, um etwa Autobahnen zu bauen, die die Mobilität des Menschen weiter erhöhen – also seine Fähigkeit, auf der Flucht vor sich selbst seinen Ort immer schneller zu verlassen, ohne daß klar ist, warum der Ortswechsel eigentlich sinnvoll ist. Da der objektive Idealismus in der Natur, insbesondere der organischen, Vernunft erkennt, wird er behutsamer sein bei Eingriffen in diese Natur (um von Eingriffen in die biologische Natur des Menschen selbst zu schweigen)[4]. Es ist zwar im Prinzip nicht ausgeschlossen, aber doch sehr unwahrscheinlich, daß etwa die Umleitung großer Ströme, die sich in Jahrhunderttausenden an ihre Umgebung angepaßt haben, mehr Positives als Negatives bewirkt – auch dann, wenn der Ingenieur aufgrund seiner selektiven Wahrnehmung nur Positives erkennt und die ökologischen und ästhetischen Schäden geflissentlich übersieht, die in der Tat viel schwerer zu quantifizieren sind als der unmittelbare wirtschaftliche Nutzen.

Daß Organismen in der Regel werthafter sind als Artefakte, ergibt sich nicht daraus, daß die einen natürlich sind, die anderen nicht – Natürlichkeit ist, wie gesagt, kein Geltungskriterium. Wohl aber gibt es ein starkes philosophisches Argument für die Überlegenheit des Organischen über das Künstliche – die Tatsache, daß jenes (mit Kant zu sprechen) eine innere Zweckmäßigkeit besitzt, dieses hingegen nur eine äußere. Eben jene innere Zweckmäßigkeit kommt aber dem Prinzip der Selbstbestimmung näher als die äußere, sie ist daher ein höherer Wert und den Artefakten, ceteris paribus, nicht zu opfern. Zum Irrsinn versteigt sich der Wille, in einer technomorphen Welt zu leben, wenn er nicht nur Maschinen konstruiert, die Funktionen erfüllen, die auf natürliche Weise nicht erzielt werden können, sondern wenn er das Lebendige durch ein Totes ersetzt, das es nur jämmerlich abbildet. Andersen hat in seinem berühmten Märchen über die Nachtigall sehr schön diese innere Entwicklungstendenz der modernen Welt aufgedeckt; und es entbehrt nicht großer Tiefe, daß es im Angesicht des Todes ist, daß der Kaiser die lebendige Nachtigall zurücksehnt: Denn der Tod, das Privileg des Lebendigen, läßt ihn seine Solidarität mit der natürlichen Welt fühlen, und es ist der Gesang des lebendigen Vogels, der den Tod vertreibt, der sich des Kaisers schon dort zu bemächtigen begonnen hatte, als er zu dem mechanischen Zeremoniell des Hofes die künstliche Nachtigall hinzugesellt hatte.

Aber, so wird man entgegnen, wie kann die Natur Objekt sittlicher Pflichten sein, wenn sie deren Subjekt offenkundig nicht sein kann? Wie kann sie Rechte haben, wenn sie der Fähigkeit entbehrt, diese einzuklagen? Hier, denke ich, gibt es ein klassisches Beispiel, das eine paradigmatische Bedeutung besitzt: das Kind. Das Kind ist noch nicht fähig, Pflichten zu verstehen und zu befolgen; es hat auch noch keinen Begriff von seinen eigenen Rechten. Und dennoch ist es nicht nur moralisch, es ist auch rechtlich nicht erlaubt, Kinder zu töten (bezeichnenderweise hält freilich der Vertreter rein symmetrischer Rechtsbeziehungen, Fichte, den Kindermord naturrechtlich für erlaubt[5]), und für die Situation, in der diejenigen Erwachsenen ausfallen, die gewöhnlich aus natürlicher Zuneigung die Rechte ihrer Kinder schützen, also die Eltern, hat schon das Recht der Alten die Figur des Vormundes eingeführt. In der Tat scheint die typisch neuzeitliche Konstruktion der Rechtsidee aus symmetrischen Beziehungen zwischen Vertretern egoistischer Interessen untauglich zu sein, um auch nur unsere krudesten Intuitionen von dem, was recht ist, zu rekonstruieren. Kinder sind ebensowenig wie Senile Vertragspartner; der Ausdruck „Generationenvertrag" ist daher eine begriffliche Irreführung. Es kann nicht als Vertragspflicht verstanden werden, daß ich etwa für meine Kinder bzw. meine Eltern zu sorgen habe, weil meine Eltern für mich während meiner Kindheit bzw. für ihre Eltern gesorgt haben; denn vor meiner Geburt bin ich nicht um mein Einverständnis mit dieser Regelung gebeten worden. Die Tatsache, daß mir während der Epoche meiner Hilflosigkeit Wohltaten erwiesen wurden, könnte mich, wenn das Recht auf Vertragsverhältnisse zurückgeführt werden dürfte, schwerlich dazu verpflichten, für jene altgewordenen Wohltäter zu sorgen; ganz sicher aber könnte sie mich nicht verpflichten, Kinder zu erzeugen und ihnen analoge Wohltaten zu erweisen.

Wohlgemerkt: Ich halte Kinder durchaus für Rechtssubjekte, ja ich halte es sogar für eine Pflicht, zwar nicht des einzelnen, aber doch der menschlichen Gattung, das Leben weiterzugeben. Aber es scheint mir offenkundig, daß diese Pflicht nicht auf das neuzeitliche Naturrecht gegründet werden kann. Dieses Naturrecht steht, wie könnte es anders sein, im Banne Descartes'; es geht von der Fiktion des selbständigen, souveränen Ichs aus. In Wahrheit ist aber der Mensch, stets während einer langen Phase am Anfang seines Lebens, häufig (und zwar, in einer eigentümlichen Ironie, zunehmend im Zeitalter der modernen Technologie, also des Triumphes des Autonomieideals) am Ende seines Lebens, nicht autonom, und vielleicht liegt in dieser Einrichtung nicht nur eine natürliche Unumgänglichkeit, sondern sogar ein tiefer metaphysischer Sinn: Sie zwingt den Menschen, Instinkte und Gefühle zu entwickeln, die den bloß symmetrischen Egoismus transzendieren. Es ist aber die notwendige Folge des Autonomieideals der Moderne, daß das Subjekt das, was seiner Autonomie vorausgeht, ebenso beiseiteschiebt wie das, was seiner Autonomie folgen wird: Es verdrängt die Tatsache, daß es geworden ist, ebenso wie das harte Faktum, daß es einmal nicht sein wird und daß dann trotzdem die Welt noch dasein wird. Ihm vorausgehend ist, wie gesagt, die ganze natürliche Entwicklung einschließlich der Traditionen der eigenen Geschichte; nachfolgend sind die nachkommenden Generationen – und beide sind die großen Verlierer während der Weltherrschaft der Subjektivität. Daß diese Herrschaft im Ganzen des Seins nur eine kurze Minute dauern kann, daß sie notwendig kollabieren muß, liegt in ihrem Wesen: Denn ihr Zeitmodus ist die absolute Gegenwart, die Vergangenheit und Zukunft in radikalster Weise negiert.[6] Man hat einiges verstanden vom Wesen dieses Zeitalters, wenn man bedenkt, daß heute mehr Menschen leben, als vermutlich in der ganzen bisherigen Geschichte des Homo sapiens sapiens existiert haben: Die Gegenwart verschluckt die ganze Vergangenheit. Doch dieser Triumph des Jetzt ist trügerisch: Indem sie ihre Grundlage vergißt – die Natur und die Geschichte –, entzieht die Gegenwart der Zukunft den Boden. Wer sich nicht als Teil einer umfassenden geschichtlichen Entwicklung versteht, wird über Verantwortungsgefühl der Zukunft gegenüber schwerlich verfügen können – denn im Grunde seiner Seele weiß er, daß es nichts gibt, was weitergegeben zu werden lohnt. Die Entwicklung von Pietätsgefühlen gegenüber der eigenen Vergangenheit mag daher den Sinn für unsere Pflichten gegenüber kommenden Generationen stärken.

Aber woher stammen diese Pflichten? Wie kann etwas, was noch nicht ist, Rechte haben? Wem geschähe denn Unrecht, wenn die Menschheit heute einvernehmlich beschlösse, sich selbst zu vernichten? Warum ist es eine Pflicht, diesen Planeten bewohnbar zu halten für kommende Generationen? Ein Kind, ein Embryo, selbst ein Organismus ist etwas Seiendes, das in sich etwas Werthaftes darstellt; doch kommende Generationen? Nichts verhülfe es zu argumentieren, kommende Generationen seien wie Kinder potentielle Vernunftwesen. Denn in Kindern ist die Potenz *real*; sie wird sich mit der Entwicklung des Organismus, wenn nichts dazwischentritt, notwendig aktualisieren; bei kommenden Generationen gibt es aber keine reale Potenz, und wenn wir ihre Entstehung verhindern, ließe sich in einem bestimmten Sinne sagen, daß es sie nicht einmal potentiell gegeben habe. Dennoch ist die Pflicht unbedingt, diesen Planeten für sie bewohnbar zu halten. Warum? Nun, wenn der Mensch das höchste Wesen ist, eben weil er die Stimme des Sittengesetzes vernehmen kann, dann wäre eine Welt ohne Menschen wertmäßig einer Welt mit den Menschen absolut unterlegen; Handlungen oder Unterlassungen, die zu einer solchen Welt führen, sind daher das Unmoralischste, was man sich vorstellen kann. Sicher kann man nur im übertragenen Sinne von Rechten kommender Generationen sprechen; wohl aber ist es die Menschheit, die Idee des Menschen, die einen unbedingten Anspruch hat, sich auch in kommenden Generationen zu realisieren.

Klar ist allerdings, daß es nicht die bloß quantitative Vermehrung der Exemplare von Homo sapiens sapiens sein kann, die die Moral gebietet. Der Mensch bezieht seine Würde daraus, daß er moralisch sein kann; und nichts erniedrigt den Menschen mehr, als wenn er sich am Sittengesetz vergeht und die Hand gegen andere Vertreter der Menschenwürde erhebt. Da die Erde, als endlich, nur eine bestimmte Zahl von Menschen ernähren kann, da ferner schon vor diesen biologischen Grenzen soziale Grenzwerte bestehen, deren Überschreitung fast naturgesetzlich zu einer ungeheuren Steigerung intraspezifischer Aggressivität führt, heißt dies, daß die demographische Entwicklung nicht unkontrolliert weitergehen kann – das Bevölkerungswachstum muß gebremst, ja bald gestoppt werden, wenn soziale Katastrophen vermieden werden sollen. Das Recht, soviele Kinder in die Welt zu setzen, wie man will, kann dort nicht mehr anerkannt sein, wo die Universalisierung dieses Rechtes die Natur überfordern muß; gerade um des Überlebens der Menschheit willen muß die Zahl ihrer Exemplare beschränkt werden. Jenes vermeinte Recht ist das klassische Beispiel für ein unter bestimmten historischen Bedingungen sinnvolles, aber keineswegs allgemeingültiges Recht, das um höherer Rechte und Werte willen eingeschränkt werden kann – wenn die Einschränkung in einer Weise geschieht, die mit einer universalistischen Ethik kompatibel ist, also gerecht ist und Gleiche gleich behandelt. Als die Erde noch nicht so dicht bevölkert war wie heute, als die Kindersterblichkeit viel höher war als heute, mochte jenes Recht sinnvoll sein; es mochte moralisch sein, zwei Dutzend Kinder zu zeugen bzw. zu gebären. Heute sind aber staatliche Einschränkungen jenes Rechts unabdingbar. Es versteht sich, daß Freiwilligkeit dem Zwang vorzuziehen ist, und es versteht sich, daß schon geborene, ja m. E. auch schon gezeugte Kinder ein Lebensrecht haben: Die Freigabe der Abtreibung halte ich für keine moralische Lösung des Bevölkerungsproblems, schon weil derjenige, der überzeugt ist, daß genetisch voll determinierte Embryonen kein Lebensrecht haben, schwerlich Verantwortungsgefühle für kommende Generationen entwickeln wird. Aber alle weiteren Maßnahmen sind legitim, ja geboten. Bedauerlich ist es gewiß, daß die Kontrazeptiva die menschliche Sexualität nicht nur von der Fruchtbarkeit, sondern auch von der Liebe abgekoppelt haben, ohne die jene keine moralische Dignität besitzt; aber auf Kontrazeptiva ist nicht zu verzichten, ja selbst gegen die eigene Sterilisierung nach der Zeugung bzw. Gebärung des zweiten Kindes ist m. E. nichts einzuwenden. Die Kleinfamilie muß die tragende Institution des Jahrhunderts der Umwelt werden, und die Religionen, die sich dieser Entwicklung widersetzen, versagen vor ihren moralischen Pflichten.

Allgemein wird es eine der wichtigsten Aufgaben der Ethik des Jahrhunderts der Umwelt sein, dem Infinitismus der Moderne abzusagen und zum Maß zurückzufinden – nicht nur mit Bezug auf die demographische Entwicklung. Der Mensch wird viele der Bedürfnisse abstreifen müssen, die er sich in den letzten vierzig Jahren zugelegt hat und die der Umwelt schaden, ja deren Universalisierung die Erde zerstören müßte. (Jenen Völkern, die sie noch nicht angenommen haben, ist dringend zu empfehlen, ganz darauf zu verzichten; denn es ist leichter, auf die Übernahme von Lastern zu verzichten als sie, wenn sie einmal da sind, wieder loszuwerden.) Dies wird vielen schwerfallen, und zwar nicht nur wegen der Trägheit und Bequemlichkeit des Menschen, sondern weil sich die soziale Struktur vieler Gesellschaften so geformt hat, daß das Sozialprestige von der Befriedigung der absurdesten Bedürfnisse abhängt.[7] Wir müssen wieder lernen, in der Pleonexie, im Immer-mehr-haben-Wollen, nicht einen Vorzug, sondern wie die Alten jenen Charakterzug zu sehen, der die Niedrigkeit und Vulgarität eines Menschen aufs unwiderruflichste offenbart. Wir müssen wieder lernen zu sagen: „Das ist genug"; wir müssen die Grenze wieder lieben lernen. Wir brauchen asketische Ideale. Sicher wäre es naiv anzunehmen, frühere Kulturen hätten asketische Ideale in starkem Maße praktiziert; die meisten Menschen mußten damals auf die Befriedigung von Bedürfnissen verzichten, weil die ökonomische Situation keine andere Wahl ließ. Aber jedenfalls gab es diese Ideale als Ideale, und jene, die sich für eine asketische Lebensform entschieden, waren der Bewunderung ihrer Zeitgenossen sicher. Wenig sagt jedoch mehr über die Struktur unserer Gesellschaften, daß derartige Ideale vollständig geschwunden sind, ja daß etwa in USA der Luxus zum Ausdruck des Selbstverständnisses einer bestimmten Form von Christentum geworden ist (denn Luxus ist gegen den Kommunismus, und Gott haßt den Kommunismus)[8]. Wenn eine Gesellschaft ihr Wesen am deutlichsten in ihren, um mit Vico zu sprechen, „phantastischen Allgemeinbegriffen" ausspricht, also in jenen veranschaulichten Allgemeinbegriffen, zu denen auch ihre Vorbilder gehören, dann muß man mit einem Gefühl der Beklemmung feststellen, daß die Vorbilder der griechischen Polis die Heroen des Epos und der Tragödie, diejenigen der römischen Republik die Helden der sagenhaften Frühzeit, diejenigen des Mittelalters die Heiligen der Legenden waren, daß aber die Vorbilder unserer heutigen Kultur bestenfalls junge Sportler und Rocksänger, auf allgemeinerer Ebene die Figuren der Werbung sind: Der Marlboro-Mann hat Achill, Cincinnatus, den heiligen Martin ersetzt.

Allerdings werden die asketischen Ideale, deren wir heute bedürfen, nicht religiös begründet sein können, also damit, daß man sich durch den Verzicht auf Erden die Freuden des Himmels verdienen müsse. Denn damit bleibt der Genuß der Zweck des eigenen Tuns, und wenn der Glaube an den Himmel wegfällt, ist ein diesseitiger Konsumismus nur natürlich. Ein gewisser Grad der Askese muß als Bedingung der eigenen Freiheit erkannt werden: Wer viel braucht, um sich physisch wohlzufühlen, ja um die Anerkennung derjenigen Mitmenschen zu erhalten, von denen sein Selbstwertgefühl abhängt, ist kein freier Mensch; Bedürfnislosigkeit ist vielmehr ein Kriterium für Freiheit. Vielleicht ist die Wiederbelebung stoischer Ideale die letzte Chance, die die Menschheit noch hat.

Im Jahrhundert der Umwelt werden die Tugenden ihren Sinn verschieben: Ihr Wesen bleibt stets dasselbe, aber unter verschiedenen Rahmenbedingungen erhalten sie eine neue Akzentuierung. Dies gilt ohnehin für die Sekundärtugenden, deren Wert stets davon abhängt, auf welches Ziel sie bezogen werden; und das neue Ziel heißt „Errichtung einer umweltverträglichen Gesellschaft" und nicht mehr „wirtschaftliches Wachstum um jeden Preis". Wer weiterhin, auch unter Preisgabe persönlicher Interessen, seinen Fleiß, seine Disziplin, seine Klugheit der Erreichung des zweiten, weltgeschichtlich überholten Zieles widmet, kann nicht beanspruchen, objektiv moralisch zu sein; und auch seine subjektive Moralität darf bestritten werden, wenn gesamtgesellschaftlich die Zweifel an jenem Ziel wachsen und er sich zumindest nicht ernsthaft mit diesen Zweifeln auseinandersetzt. Was die vier klassischen Kardinaltugenden angeht, so scheinen auch sie mir einer neuen Nuancierung zu bedürfen: Weisheit kann heute nicht bloß auf eine Harmonie mit dem absoluten Prinzip des Seins und mit dem Mitmenschen abzielen, sie muß eine Harmonie mit der Natur einschließen; aus ihr muß die Besonnenheit, die Fähigkeit zum Verzicht entspringen. Klugheit ist nur dort gegeben, wo eine dem durch die moderne

Technik erweiterten Handlungsradius entsprechende rationale Abschätzung der Folgen des eigenen Handelns und, wichtiger noch, des Handelns der Institutionen stattfindet, denen man angehört. Gerechtigkeit darf nicht nur gegenüber den Angehörigen der eigenen Kultur gelten, sie muß nach vorne und nach hinten, im Raum und in der Zeit erweitert werden: Das, was uns geschichtlich vorausgeht – die Natur, archaische Kulturen –, ist ebenso ihr Gegenstand wie die kommenden Generationen. Tapferkeit schließlich wird sich heute nicht primär im Krieg bewähren (auch wenn der Einsatz des eigenen Lebens im Kampf gegen das Unrecht und die Gewalt durchaus gefordert bleibt); Tapferkeit wird in der Regel in der Zivilcourage bestehen, mit der man fragwürdig gewordene Werte zurückweist und sich dem Diktat des Konsums entzieht.

Doch das eigentliche Problem der Ethik liegt im ökologischen Zeitalter nicht in der Begründung neuer Normen. Daß wir diesen Planeten bewohnbar halten müssen für kommende Generationen, ist relativ schnell anerkannt; und auch über den Wertcharakter, der der Natur eignet, dürfte ein Konsens zu erzielen sein. Viel schwerer ist die Durchsetzung eines entsprechenden Handelns; und hier, auf der Motivationsebene, liegt der eigentliche Grund, warum gewisse Aspekte der Kantischen Ethik merkwürdig obsolet erscheinen. Ohnehin meine ich, daß der Kantische Rigorismus zwar begründungstheoretisch korrekt ist, motivationspsychologisch aber nicht ausreicht: Kants Kritiker von Schiller bis Scheler scheinen mir darin recht zu haben, daß zu der bloßen Anerkennung der formalen Struktur der Pflicht die emotionale Zuneigung zu materialen Werten hinzukommen muß, damit Menschen wirklich moralisch handeln. Aber das ist nicht der einzige Punkt, den ich im Auge habe. Kant denkt, daß die Folgen unseres Handelns kein besonderes Problem der ethischen Theorie darstellen: Die Maximen sind das, was moralisch zählt, und bei der Maximenbildung ist nur die Abschätzung der *unmittelbaren* Folgen eine moralische Pflicht. Kant konnte daher noch glauben, daß der gesunde Menschenverstand eines jeden ausreiche, um zu entscheiden, was in einer bestimmten Situation ein moralisches Handeln sei.

Es ist aber offenkundig, daß dies heute nicht mehr gilt. Die moderne Technik hat die Folgen unseres Handelns in Raum und Zeit in einer Weise erweitert, die weltgeschichtlich einzigartig ist, und diese Erweiterung der Wirkwelt ist keineswegs begleitet von einer entsprechenden Ausdehnung der Merkwelt (um Termini aus der Umweltbiologie J. von Uexkülls zu verwenden).[9] Wir können heute Dinge tun, die Folgen haben, die wir wirklich nur mit größter Anstrengung vorhersehen können; und zwar brauchen wir dazu das Aufgebot hochspezialisierter Einzelwissenschaften, die den gesunden Menschenverstand hoffnungslos übersteigen. Und auch wenn diese Konsequenzen schließlich zu Bewußtsein kommen, so greifen doch die angeborenen moralischen Instinkte nicht mehr, um den Menschen von einem Handeln abzuhalten, das weit entfernt oder in später Zukunft Folgen hat, über deren negative Bewertung durchaus ein abstrakter rationaler Konsens besteht. Als ein berühmtes Beispiel will ich die Entwicklung der Waffentechnik anführen. Der Cromagnon-Mensch, der mit einem Faustkeil seinen Artgenossen erschlägt, muß im Nahkampf seinen Gegner bestehen; und auch wenn er dazu vielleicht einen konkreten Haß entwikkeln muß, der späteren Epochen erspart bleibt, so muß er doch dem Gegner in die Augen sehen; und das Aufspritzen von dessen Blut wird ihm das Unheimliche seines Handelns schließlich bewußt machen. Schon das Schießgewehr verändert die Situation: Der Soldat im Schützengraben sieht sein Opfer nicht; aber vielleicht hört er noch den Schmerzensschrei des Getroffenen. Doch auch dieser akustische Kontakt schwindet im Zeitalter der Massenvernichtungsmittel. Der General, der in einem perfekt ausgerüsteten Raum den berühmten Knopf drückt, der eine interkontinentale Rakete mit atomaren Sprengköpfen in das Land des Gegners befördert, entbehrt jeder konkreten Beziehung zu den Menschen, die er tötet. Unsere Technik hat heute Fernstwirkungen – aber die Menschen, die sie bedienen, haben noch nicht gelernt, die traditionelle Nächstenliebe zu einer Fernstenliebe zu erweitern.

Analog besteht eine der Hauptursachen für die ökologische Krise darin, daß wir erstens nicht wissen, was wir tun, und daß wir zweitens, wenn uns die Folgen mitgeteilt werden, über kein Antriebssystem verfügen, das eine Veränderung unseres Handelns bewirken könnte. Wenn man bedenkt, wie viele chemische Produkte jeden Tag neu synthetisch hergestellt werden, dann ist es beim besten Willen nicht möglich, alle ihre Nebenwirkungen verantwortlich abzuschätzen, zumal diejenigen, die mit ihrer Abschätzung befaßt sind, gewöhnlich nur über ein sehr sektorielles Wissen verfügen. Eben die Komplexität derartiger Prognosen, die in der Natur der Sache liegt, führt dazu, daß fast immer die Möglichkeit der Abwiegelung bleibt: Es ist heute zu fast allen Fragen möglich, Gutachten von Wissenschaftlern zu erhalten, die entgegengesetzte Folgen voraussagen. Wieviele Gutachten haben die Gefahrlosigkeit der Kernenergie behauptet, ja selbst die Schädlichkeit des Rauchens für die menschliche Gesundheit bestritten! Dieses Gutachterdilemma ist zweifelsohne eine der Ursachen für das Achselzukken, ja das Gefühl der Lähmung, das die meisten Zeitgenossen angesichts der Prognosen von ökologischen Katastrophen ergreift. Wenn sich Wissenschaftler nicht einigen können, wieso sollte ich kleiner Mann etwas an meinem Verhalten ändern, – ist eine nur zu natürliche Reaktion. Eine weitere äußerst negative Folge des Gutachterdilemmas ist ferner, daß das Vertrauen in die Wissenschaft – und damit in die Vernunft – erschüttert wird; es ist daher eine wichtige Aufgabe, dieses Dilemma rational zu bewältigen.[10] Mit rationaler Bewältigung meine ich keineswegs, daß die Wissenschaftler zu einem Konsens über die Folgen bestimmter Entwicklungen gelangen müssen – ein solcher Konsens ist häufig beim Stand des gegenwärtigen Wissens gar nicht zu erzielen. Aber eben weil die Divergenzen von verschiedenen Kenntnissen, von verschiedenen Hypothesen, von verschiedenen Schwerpunkten bei der Bewertung der Informationen abhängen, hat der Wissenschaftler die Pflicht, seine Prämissen klar anzugeben und seine Prognose auf diese Prämissen ausdrücklich zurückzubeziehen. Die Divergenzen werden dann bleiben, aber das gebildete Publikum erhält leichter die Möglichkeit, die Gründe für diese Divergenzen zu begreifen.

Offenbar können die Divergenzen zwischen Wissenschaftlern auf drei verschiedene Ursachen zurückgeführt werden. Erstens trüben sicher Interessen immer wieder die eigene Urteilsfähigkeit (und zwar ohne daß ich deswegen von bewußter Fälschung reden möchte, obgleich diese gelegentlich durchaus vorkommt): Nur so kann man erklären, daß etwa der Treibhauseffekt so lange verdrängt wurde, obgleich er schon Ende des letzten Jahrhunderts vorhergesagt wurde – und zwar von S. Arrhenius. Der Interessenfaktor spricht im übrigen für die größere Glaubwürdigkeit der negativen gegenüber den positiven Prognosen. Denn sicher kann man mit der Angst Geschäfte machen und daher ein Interesse am Pessimismus haben; doch keiner, der ernsthaft dieses Problem prüft, kann bestreiten, daß sich mit der Annahme, es werde nichts passieren und wir sollten so weitermachen wie bisher, noch bedeutend bessere Geschäfte machen lassen – unsere gegenwärtige Wirtschaft lebt von derartigen Geschäften. Zudem sind die Interessen, von denen ich spreche, keineswegs nur materieller Art. Es ist vielmehr eine moralische Last, anerkennen zu müssen, daß die eigene Lebensführung bisher objektiv falsch war; und daß man sich gegen diese Einsicht mit allen Kräften wehrt, ist aus allen Epochen moralischer Paradigmenwechsel zur Genüge bekannt.

Zweitens hängt aber, unabhängig von den Interessen, die eigene Prognose von dem theoretischen Rahmen ab, über den man verfügt. Der interessenlose Spezialist wird viele Probleme anders sehen als der interessenlose Generalist, ja auch viele Fragen anders stellen. Wem sollen wir in einem solchen Falle eher Glauben schenken? Mir scheint, daß – ceteris paribus – der letztere glaubwürdiger ist. Denn die gegenwärtige Situation ist u.a. die Folge einer Wissenschaft, die zu spezialistisch denkt, und nur die Herausbildung eines neuen Typs von Wissenschaft, in dem Generalisten und Spezialisten in anderer Weise zusammenarbeiten als bisher, hat Aussichten auf die Herstellung eines inhaltlichen Konsenses.[11] Nur noch schwer ernstzunehmen sind jedenfalls alle diejenigen, die bisher bloß abgewiegelt haben und inzwischen durch Fakten widerlegt worden sind. Ferner würde ich den Jüngeren – selbstverständlich nochmals: ceteris paribus – eine gewisse Priorität zusprechen wollen: Wie man aus der Wissenschaftsgeschichte weiß, sind ältere Menschen zu Paradigmenwechseln seltener in der Lage als jüngere, die die Denkzwänge des alten Paradigmas noch nicht für eine so lange Zeit internalisiert haben.

Drittens schließlich kann eine Divergenz zwischen zwei Wissenschaftlern darauf zurückgehen, daß zwar beide der Überzeugung sind, daß etwa eine große Katastrophe aufgrund des jetzigen Wissens mit einer Wahrscheinlichkeit von 40% zu erwarten ist, daß aber der eine daraus den Schluß zieht, man brauche nichts zu tun, der andere hingegen Konsequenzen fordert. Hier, scheint mir, muß man dem zweiten recht geben: Wer hundertprozentige Sicherheiten bei globalen Prognosen fordert, legitimiert von vornherein das Nichtstun; denn Sicherheiten sind bei komplexen Vorhersagen nicht zu haben. Je größer ein Übel ist, desto geringer braucht die Wahrscheinlichkeit seines Eintretens zu sein, um die Suche nach besseren Alternativen zur Pflicht zu machen.

Natürlich ist der Konsens der Wissenschaftler nicht ausreichend; ihre Ergebnisse müssen an alle weitergegeben werden, die durch ihre Handlungen und Unterlassungen zum Eintreten der von ihnen vorhergesagten Folgen beitragen. Einerseits ergibt sich daraus für jeden einzelnen, der intellektuell dazu in der Lage ist, die Pflicht, sich über die Konsequenzen des eigenen sowie des kollektiven Handelns der Industriegesellschaft zu informieren, an dem er irgendwie stets teilhat. Die Dringlichkeit dieser Pflicht steigt mit dem Grad der Macht, die jemand besitzt; denn tautologischerweise bedingt eine größere Macht größere Verantwortung und damit besonders strenge Pflichten bei der Analyse der Folgen der Handlungen der Institution, die man führt. Wer diesen Gedanken intellektuell und emotional nicht nachvollziehen kann, ist schon dann unmoralisch, wenn er überhaupt Macht ausübt, und zwar unabhängig von jeder konkreten Handlung und Unterlassung. „Unterlassung" sage ich, weil ich mit dem deutschen Strafrecht der Ansicht bin, daß Unterlassungen, die zu Schäden bei denjenigen führen, für die man eine bestimmte Verantwortung trägt, gleich Handlungen zu bestrafen sind: Der Vater, der sein Kind ertrinken läßt, weil er seinen Anzug nicht naß machen möchte, wird zu Recht wegen Tötung bestraft. Ähnlich aber, scheint mir, muß jene Führungskraft, die es unterläßt, zugängliche Informationen über die Folgen des Handelns der Institution einzuholen, der sie vorsteht, der direkten Verantwortung für diese Folgen beschuldigt werden.

Andererseits müssen die Meinungsbildner – die Hochschulen und Schulen, die Medien, die Kirchen – in besonderem Maße an der Sammlung und Weitergabe der entsprechenden Informationen arbeiten. Ihre häufig institutionell bedingte Unfähigkeit, dies zu tun, ist, wenn Abhilfe möglich ist, kein Entschuldigungsgrund. Insbesondere scheint mir, daß die Kirchen, die wichtigsten Wertvermittler, in dieser Hinsicht versagt haben. Die moderne Wissenschaft und Technik hat bekanntlich immer wieder im Kampf gegen die Religion ihre Rechte behaupten müssen; dies erklärt, warum die Religion den Anschluß an diese zwei Sphären bis heute nicht wirklich gefunden hat. Ihre Stellung zu ihnen hat häufig die Form der Hilflosigkeit – so wenn sie starrsinnig an Normen festhält, die nur vor der Industriellen Revolution Sinn machten (ich denke etwa an die Position der Katholischen Kirche zu den Verhütungsmitteln), und eine Stellungnahme zu den großen ethischen Fragen der technologischen Zivilisation verweigert, die die Aufstellung ganz neuer Normen erfordern. Daß es bis heute nicht gelungen ist, eine allgemein anerkannte Ethik für das technische Zeitalter aufzustellen, ist mit Schuld der Kirchen, und es läßt sich, ohne viel zu riskieren, die Prognose wagen, daß etwa das Christentum nur dann eine größere Legitimität wiedergewinnen, ja weltgeschichtlich überleben wird, wenn es die Ausarbeitung einer solchen Ethik in Angriff nimmt. Die kirchliche Verkündigung wird grundsätzlich geändert werden müssen: Derjenige kann heute eher beanspruchen, dem Geist der christlichen Ethik zu folgen, der sich umweltbewußt verhält, als derjenige, der Traditionen weiterführt, die wegen ihres Alters ehrwürdig sein mögen, aber zur Lösung der Existenzfragen der Menschheit nur wenig beitragen. Daß in diesem Zusammenhang auch die Theologenausbildung verändert werden sollte, versteht sich von selbst: Grundkenntnisse in der Ökologie scheinen mir für einen Lehrer der Moral (und das sollte der Priester ja auch sein) wichtiger als ein ausführliches Studium der Liturgiewissenschaft.

Ein analoger Vorwurf gilt für die Philosophie: Diese wird nur dann eine überzeugende angewandte Ethik für das Jahrhundert der Umwelt abfassen können, wenn sie mit den Einzelwissenschaften zusammenarbeitet; wer von Chemie und Biologie nichts versteht, kann heute schwerlich etwas Relevantes zu den drängenden ethischen Einzelfragen unserer Zeit sagen, auch wenn er die ganze ethische Tradition von Platon bis Scheler beherrscht. (Eine Systematik der neuen Pflichten ist daher nicht Thema dieser Vorlesung, die sich auf allgemeine Überlegungen beschränken muß, weil eine solche konkrete Sittenlehre nur in Zusammenarbeit mit Einzelwissenschaftlern geschrieben werden kann.) Interdisziplinarität – und dazu gehört u.a. der aufrichtige Versuch, die eigenen Ergebnisse auch Kollegen aus anderen Disziplinen zugänglich zu machen – wird heute zu einer besonders wichtigen ethischen Pflicht.

Zu erkennen zu suchen, was Pflicht ist, ist sicher die erste aller Pflichten; doch kann sich die Pflichtenlehre nicht auf sie reduzieren: Es kommt auf das Umsetzen des Erkannten in das Handeln an. Es ist allerdings in diesem Punkte, daß das moderne technische Zeitalter ganz eigentümliche Probleme aufwirft, die es früher nicht gegeben hat. Die als bedrohlich erkannten Gefahren waren früher auch lebensweltlich vertraut, und die ethischen Gefühle des Menschen, die offenbar mit seinem Vorstellungsvermögen korrelieren, boten eine solide Grundlage, auf der man aufbauen konnte, wenn es ethisch zu handeln galt. Die Pointe der modernen Technik ist aber, daß sie das Vorstellungsvermögen radikal übertrifft – wir können mehr herstellen, als wir uns vorstellen können, hat Günther Anders zu Recht gesagt.[12] Wer kann sich etwa vorstellen, was alles aus dem vergrabenen Plutonium werden könnte, wenn er sich Rechenschaft darüber abgibt, daß nach 24000 Jahren die Hälfte dieses hochgiftigen Stoffes immer noch dasein wird? Ebendeswegen aber besteht auf motivationspsychologischer Ebene eine Lücke, die dem Menschengeschlecht tödlich werden könnte. Diese Lücke zeigt sich u.a., wenn wir uns die Zeiträume vorzustellen suchen, in denen bestimmte verhängnisvolle Entwicklungen zur Katastrophe führen müssen. Es ist allgemein bekannt, daß wir uns exponentielles Wachstum nicht vorstellen können – auch wenn wir abstrakt damit rechnen können, versagt doch selbst der geübte Mathematiker, wenn man ihn um eine spontane Antwort auf die Frage nach der Größenordnung einer Zahl wie 2^{63} bittet. Wir alle kennen das Schachbrettbeispiel, aber nicht alle von uns haben begriffen, daß der Infinitismus der Moderne auf allen Ebenen – der wissenschaftlichen, der technischen, der wirtschaftlichen – dem exponentiellen Wachstum huldigt. Die Grenzen des Wachstums werden aber unter diesen Bedingungen viel schneller erreicht werden, als wir denken, und wenn wir erst handeln, wenn, wie nach dem bekannten Kinderreim, die sich täglich verdoppelnde Seerose noch die Hälfte des Teiches frei läßt, wird es zu spät sein: Denn dann bleibt nur noch ein einziger Tag. Die moderne Wissenschaft hat, scheint es, die Beziehung zwischen Glauben und Wissen umgekehrt, die etwa das Mittelalter bestimmte. Denn damals glaubte man an vieles, ohne den Anspruch zu haben, es zu wissen; heute hingegen *wissen* wir dank der Wissenschaft vieles, das uns, trotz aller Beweise, auf emotionaler Ebene unglaubwürdig vorkommt. Der Glaube aber, nicht das Wissen, bestimmt unser Handeln. „Ich weiß, daß Katastrophen bevorstehen, aber ich glaube es nicht", ist die Stimmung vieler angesichts der ökologischen Krise.

Der Aufbau von Hoimar von Ditfurths bemerkenswertem Buch „So laßt uns denn ein Apfelbäumchen pflanzen. Es ist soweit"[13] läßt, etwas vereinfacht, folgende Gliederung erkennen. Im ersten Teil schildert Ditfurth die Gefahren der Gegenwart, im zweiten zeigt er Auswege, die seines Erachtens rational möglich sind. Im dritten Teil aber schließt er mit der Vermutung, daß die Menschheit diese Auswege nicht nutzen wird, eben weil die angeborenen Erkenntnis- und Moralmechanismen, die in einer Zeit herausselektiert wurden, als der Mensch in einer anderen natürlichen Umwelt lebte, im Zeitalter der Technik hoffnungslos überfordert sind und daher versagen müssen. Ich teile Ditfurths düsteren Pessimismus nicht. Allerdings würde ich mich dazu genötigt sehen, wenn unsere Zeit im Grundirrtum der Aufklärung befangen bliebe, die Vernunft reiche hin, um alle Probleme zu lösen. Die vernünftige Analyse von Problemen ist gewiß eine notwendige, aber nie eine hinreichende Bedingung für die Durchsetzung des Vernünftigen.

In den „Historien" (III 25) schildert Tacitus, wie während des Bürgerkrieges im Vierkaiserjahr in einer Schlacht ein Soldat einen anderen Soldaten aus der gegnerischen Armee niederschlägt und darauf in dem Sterbenden seinen Vater wiedererkennt. Seine Verzweiflung ist verständlicherwiese ungeheuer, und da sich die Geschichte herumspricht, ruht der Kampf für einen Augenblick, in dem beide Seiten den Frevel dieses Krieges erkennen, der im Vatermord nur seinen symbolischen Ausdruck gefunden hat. „Es ist ein Verbrechen, was da begangen worden ist, sagten sie (die Soldaten), und begingen das nächste", heißt es in Tacitus' unüberbietbarer Prägnanz.[14]

Wie erklärt sich, daß das gegenseitige Schlachten fortgesetzt wird, auch wenn die Mehrzahl der Soldaten davon überzeugt ist, daß es sich dabei um etwas zutiefst Unmoralisches handelt? Offenbar ist die Logik der Institutionen nicht identisch mit der Summe der Logiken der Einzelindividuen. Darin liegt einerseits das erstaunliche Beharrungsvermögen von Institutionen begründet, andererseits auch ihre geringere Flexibilität und Anpassungsfähigkeit an neue Situationen gegenüber derjenigen moralisch begabter Individuen. Da das einzelne Individuum nicht darauf vertrauen kann, daß der andere ebenso wie er seine Ansicht geändert hat, wird er es nicht wagen, sein Verhalten umzustellen; und so werden – zumindest für eine gefährlich lange Zeit – alle weitermachen, obgleich kaum jemand mehr die eigenen Handlungen für moralisch hält. Hinzukommt, daß Handlungen eines Kollektivs seinen Mitgliedern moralisch nicht in gleichem Maße zugerechnet werden können wie private Handlungen jedem einzelnen – jedenfalls ist dies die gängige Überzeugung; und deswegen ist das schlechte Gewissen des einzelnen geringer, wenn er sich an Handlungen beteiligt, für die er nicht alleine die Verantwortung trägt.

In der kollektiven Unmoral der Umweltzerstörung durch die moderne Industriegesellschaft verbinden sich mehrere Faktoren, die das Gefühl unmittelbarer Verantwortlichkeit in verhängnisvoller Weise untergraben. Wer vor der Wahl steht, ob er sich zu Fuß (bzw. mit öffentlichen Verkehrsmitteln) oder mit dem Auto zu einem nahegelegenen Ort begeben soll, mag abstrakt durchaus wissen, daß die Benützung des Autos den Treibhauseffekt verstärkt, und dennoch erschwert folgendes eine Entscheidung gegen das Auto. Erstens sind ihm die unmittelbaren Folgen seines Tuns nicht sichtbar, nicht anschaulich gegeben. Zweitens kann er hoffen, daß die negativen Folgen erst so spät und so weit weg eintreffen, daß sie ihn nicht mehr erfassen werden: Die egoistische Angst vor den unmittelbar auf einen selbst zurückschlagenden negativen Konsequenzen des eigenen Handelns entfällt. Und auch wenn der Mensch Folgen für sich selbst befürchten muß, so läßt ihre (manchmal vermeintliche) zeitliche Ferne sie doch nicht zu einem unmittelbaren Gegenmotiv gegen die geplante Handlung werden: Man denke nur an das Rauchen. Drittens wirkt hierbei die Überzeugung mit, daß ich als einzelner sowieso nichts erreichen könne – mein Verzicht auf das Autofahren bei dieser besonderen Gelegenheit, ja auf das Auto im allgemeinen würde den Treibhauseffekt nicht aufhalten. Ja, selbst wenn eine Institution eine Veränderung ihres Verhaltens erwägt, mag sie sich sagen, daß bei einem Handeln, an dem alle Menschen beteiligt sind, eine Änderung selbst in einem großen Staat nicht ausreichend und deswegen unnütz sei. Und viertens drängt sich bei vielen menschengemachten ökologischen Katastrophen der Eindruck auf, es handele sich bei ihnen um unvermeidliche Naturkatastrophen, für die niemand Verantwortung tragen könne. Die gegenwärtige Situation möchte ich in folgendem Bilde beschreiben: In einer portugiesischen Novelle, in Eça de Queiroz' „O Mandarim" (1880)[15], braucht der Held nur eine Klingel zu rühren, um den Tod eines reichen Mandarins im fernen China auszulösen, dessen Erbe er wird. Die Moral der Erzählung ist, daß die meisten Menschen die Klingel rühren würden, weil die Folge dieses Aktes – der Tod des Erblassers – anders als bei einer gewöhnlichen Tötung nicht direkt mit der Handlung verbunden ist, daß eine solche Handlung aber nichtsdestotrotz ein Mord wäre. Wieviel mehr Menschen noch würden die Klingel rühren, wenn ihnen gesagt würde, es genüge keineswegs ein einziger Knopfdruck, um den Tod auszulösen, sondern dazu sei die hundertfache Betätigung der Klingel nötig. Derartige Klingelschnüre sind heute über die ganze Erde ausgespannt – wir berühren immer wieder einige von ihnen und wissen nicht, wie oft sie schon berührt worden sind, ob es also unsere Berührung ist, die weit weg einen Tod auslöst. Und selbst wenn wir ausrechnen können, daß jeder von uns im Laufe seines Lebens durchschnittlich hundertmal verschiedene Klingelschnüre berührte und somit wir alle ebensoviele Todesfälle auslösten, wie unsere Zahl beträgt, so würde das psychologisch uns nicht zu dem Gefühl verhelfen, jeder von uns sei für einen Mord verantwortlich.

Um das bildlich Beschriebene an einem konkreten Beispiel zu verdeutlichen: Es ist wohl noch nicht so, daß die Überschwemmungen in Bangladesch in den letzten Jahren durch den Treibhauseffekt mitverursacht wurden, aber offenkundig ist, daß dieser schon bald Folgen solcher Art haben wird. Sachlich besteht daher kein Zweifel daran, daß jeder, der einen überhöhten Energiekonsum hat, mitverantwortlich sein wird für das Ertrinken von Menschen in flachen und armen Ländern, auch wenn es vielleicht, um im Bilde zu bleiben, nur ein Eimer Wasser ist, den er auf die Ertrinkenden schüttet. Und doch wird er vor der eigenen Lebensweise schwerlich jenes heilsame Entsetzen empfinden, das zu einer Umkehr motivieren kann; emotional wird ihm das durch ihn mitverschuldete Ertrinken von Tausenden von Menschen weniger nahegehen als der Tod seines Goldhamsters. Da er rational einsehen kann, daß jenes das größere Übel ist, wird er einen Schmerz darüber empfinden, daß ihm jene Katastrophe gleichgültig bleibt; Schuldgefühle aufgrund des Fehlens von Schuldgefühlen werden ihn peinigen. Er wird in eine dumpfe Apathie verfallen, in ein existentielles Gefühl einer unentrinnbaren kollektiven Schuld, wie wir es bei vielen, gerade den moralisch und intellektuell begabteren, jungen Menschen der westlichen Länder finden. Eine ethisch bedeutsame Begleiterscheinung dieses dumpfen Gefühls ist übrigens, daß der Sinn für den Unterschied zwischen Handlung und Unterlassung zunehmend schwindet. Zwar ist es natürlich nicht dasselbe, ob ich einen Menschen töte oder einem in Lebensgefahr Befindlichen nicht helfe; doch die außerordentliche Komplexität der durch die Technik bedingten kausalen Vernetzung der modernen Welt führt dazu, daß viele Einwohner der Ersten Welt nicht genau wissen, ob sie nur durch unterlassene Spenden am Tod vieler Menschen in der Dritten Welt mitschuldig werden oder ob sie etwa durch ihr Kaufverhalten, das eine Wirtschaftskrise in einem fernen Land, durch ihren Energiekonsum, der eine Naturkatastrophe ausgelöst hat, auch eine positive Mitschuld an jenen Todesfällen haben – und in der Tat reichen unsere Informationen häufig nicht aus, um diese Frage zu entscheiden.

Derjenige Psychologe, der die oben angedeuteten psychischen Mechanismen, die ein rasches Handeln verhindern, genau beschriebe und durch ein geschicktes Experiment veranschaulichte, würde sich große Verdienste um die Menschheit erwerben – ähnlich große wie Milgram, dem wir das berühmte Milgram-Experiment verdanken, das tatsächlich bedeutende Einsichten in jene seelischen Mechanismen erbracht hat, die den Verbrechen in totalitären Staaten zugrunde liegen.[16] Milgram lud Personen dazu ein, ihm bei dem Test anderer Menschen zu helfen; sie sollten diese, die in einem anderen Raum saßen, mit Elektroschocks steigender Stromstärke bestrafen, wenn sie bei einem bestimmten Wörtertest Fehler machten. Was die Folterer nicht wußten, war, daß sie selbst die Versuchspersonen waren und ihre Opfer die Schmerzensschreie nur simulierten – Milgram wollte herausfinden, wie weit Menschen in einem Rechtsstaat bei der Folterung ihrer Mitmenschen zu gehen bereit sind, wenn nur der Versuchsleiter jede Verantwortung übernimmt und ihnen immer wieder erklärt, was sie täten, sei legal. Das Ergebnis ist äußerst bedrückend: Mehr als die Hälfte der Versuchspersonen war bereit, ihren Opfern selbst (vermeintlich) tödliche Stromschläge zu versetzen.

Wir würden einiges über die Ursachen der gegenwärtigen Krise erfahren, wenn es uns gelänge, in einem Versuch die Situation der heutigen Menschheit am Verhalten eines einzelnen zu veranschaulichen. Noch wichtiger sind aber natürlich Überlegungen darüber, wie man dieses verhängnisvolle Verhalten ändern könnte. Hier scheint es mir, wie schon mehrfach gesagt, keineswegs ausreichend, die Menschen auf die negativen Folgen ihres Handelns aufmerksam zu machen – eben weil diese mit der eigenen Handlung nicht direkt verbunden sind. Die Menschen müssen vielmehr den geringen *intrinsischen* Wert ihrer Handlung empfinden – und nicht erst den Unwert der Folgen der Handlung. Es hat sich empirisch herausgestellt, daß es wenig hilft, jemandem rational die Umweltschädlichkeit des Autofahrens klarzumachen. Wesentlich wirksamer ist es, wenn man, unter Absehung von den Folgen, das Wertesystem angreift, das das Autofahren als werthaft erscheinen läßt – also etwa das Ideal einer zwecklosen, privaten Mobilität –, und die psychische Struktur desjenigen ironisiert, dessen Selbstbewußtsein auf den Besitz eines großen und schnellen Wagens angewiesen ist. Denn in einem solchen Falle ist die Ausflucht nicht mehr möglich, die vorausgesagten Folgen würden vielleicht gar nicht eintreten.

Es versteht sich, daß ein derartiger Angriff auf das Selbstwertgefühl eines anderen Menschen nur dann erlaubt ist, wenn eine strenge Selbstprüfung vorausgegangen ist. Wer die Welt verbessern will, muß bei sich anfangen. Weniges war seinerzeit unglaubwürdiger als die Kapitalismuskritik der Bewohner des „Grand Hotels Abgrund“ (um mit Lukács zu reden), und weniges ist heute absurder als jene Grünen, die mit ihrem Auto zur Demonstration fahren und ihren Urlaub in fernen Ländern verbringen. Eine strenge Prüfung der Götzen, die man selbst hat, ist die erste Bedingung für eine Kritik an den Götzen der Gesellschaft. Doch diese Kritik darf nicht von Haß getragen sein – es genügt nicht, den Unwert einer Sache abzulehnen, es ist notwendig, neue, positive Werte zu erkennen und zu vermitteln. Wer nur an den Mängeln der Welt leidet, wird nicht die Kraft besitzen, andere Menschen zu einer Umstellung ihres Handelns zu motivieren. Man muß die Welt und den Menschen, trotz all ihrer Unvollkommenheiten, im Grunde seiner Seele lieben, um einen ethischen Paradigmenwechsel leisten zu können. Die Menschen zu lehren, wieder die Schönheiten der Natur zu empfinden, ist motivationspsychologisch wichtiger, als ihnen die moralischen Übel der Umweltzerstörung vorzuführen, wenn man langfristig etwas erreichen will. Zwar ist es nur natürlich, daß diejenigen, die über die Zukunft des Menschen nachsinnen, von großer Traurigkeit und Melancholie ergriffen werden; aber wenn man es nicht schafft, sich von dieser Schwermut, in der das Mittelalter zu Recht eine der sieben Hauptsünden erkannt hat, wieder zu befreien, wird man wenig erreichen. Da kausalwissenschaftliche Analysen allein die erforderliche Hoffnung nicht zu geben vermögen, dürfte nur ein metaphysisches, ja religiöses Grundvertrauen in das Ganze des Seins dem Menschen die Kraft geben, die er braucht.

Es liegt in der Natur eines moralischen Paradigmenwechsels, daß diejenigen, die neue Werte vertreten, sich allerlei Anfeindungen gefallen lassen müssen; denn niemand läßt sich gern das Fundament seiner Selbstachtung, die Überzeugung von der eigenen Moralität, nehmen, und eine Veränderung im eigenen Verhalten ist häufig so anstrengend, daß man sie gerne vermeiden möchte. Die Propheten des Alten Testaments können (ebenso wie Sokrates) ein Lied von der Härte ihrer Arbeit singen; und es ist kein Zufall, daß sich manche von ihnen ihrer Berufung zu entziehen suchten. Natürlich glaube ich nicht daran, daß ihre Visionen die kausale Ordnung der Welt durchbrechende reale Manifestationen Gottes waren; und dennoch hielte ich es für ebenso falsch, sie als nur subjektive Ereignisse abzutun. Denn das Sittengesetz ist nichts bloß Subjektives, sondern besitzt eine ideale Objektivität; und der vorneuzeitliche Mensch kann sich die Erfahrung seiner objektiven Macht nur durch die Annahme einer Manifestation Gottes (oder des Daimonions) erklären. Die Härte, die die Propheten sich selbst gegenüber anwenden mußten, wenn sie ihrer Berufung folgten, setzte sich häufig in Härte auch gegenüber ihren Mitmenschen fort. In einem der lieblichsten Bücher des Alten Testaments, der Novelle mit dem Titel „Jona", wird berichtet, wie Jona, Prophet wider seinen eigenen Willen, schließlich nach dem Erlebnis mit dem Wal in Ninive seine Verkündigung aufnimmt – und zwar mit großem Erfolg: Die Stadt ändert ihr unmoralisches Verhalten, und die vorhergesagte Katastrophe bleibt aus; Jonas Prophetie war gerade dadurch erfolgreich, daß sie sich selbst zerstörte. Dies liegt in der Natur jeder negativen Prognose, die sich nicht theoretizistisch mißversteht, sondern auf die Welt wirken möchte: Sie erreicht ihren Zweck gerade dann, wenn sie widerlegt wird. Aber Jona vermag diese eigentümliche Dialektik seines Berufes nicht zu fassen, und er hadert mit Gott, weil er Ninive nicht zerstört. Was tut hierauf Gott? Er läßt eine Staude an Jonas Haus wachsen und nach kurzem sterben; und als Jona ihm auch deswegen Vorhaltungen macht, fragt er ihn: Und du, der du wegen des Todes einer einzigen Pflanze so leidest, wolltest, daß ich eine ganze Stadt zerstöre, darunter viele unschuldige Menschen und Tiere? Der versöhnliche Schluß dieser gütigsten und anmutigsten Schrift des Alten Testaments rührt nicht nur, weil er eine der ganz wenigen, wenn nicht die einzige Stelle des Alten Testaments ist, an der Gott unmittelbares Interesse an Tieren bekundet, also seinen sonstigen Anthropozentrismus überwindet, sondern auch weil er eine milde und weise Kritik an der Verhärtung des Propheten – seiner klassischen déformation professionnelle – enthält. Die nächsten Jahrzehnte werden viele unserer ethischen Vorstellungen revolutionieren; wir werden dazu mancher Propheten bedürfen; möge sie die Erinnerung an Jona davor bewahren, am Ende, nur um recht zu behalten, das zu wünschen, wovor sie gewarnt haben.

IV. Ökonomie und Ökologie

Es wird auffallen, daß die drei Vorlesungen, die den praktischen Aspekten der ökologischen Krise gewidmet sind, der klassischen Dreiteilung der praktischen Philosophie in Antike und Mittelalter entsprechen: Individualethik, Ökonomie, Politik. Allerdings ist ein wichtiger Unterschied unverkennbar: Die Ökonomie ist bis zum 18. Jahrhundert die Lehre von der Hausverwaltung, seit dieser Zeit hingegen die Lehre von der Wirtschaft. Es ist kein Zufall, daß wirtschaftliches Handeln erst in der Neuzeit der Gegenstand einer eigenen Wissenschaft wird; denn erst mit dem Kapitalismus erhält wirtschaftliches Handeln jene Komplexität, die die traditionellen, an der Verwaltung des eigenen Vermögens gebildeten Vorstellungen grundsätzlich transzendiert, erst mit dem Kapitalismus wird die Wirtschaft zu einem System, dessen Logik auf die des „Oikos" nicht mehr zurückzuführen ist, ihn vielmehr radikal umwandelt, wenn nicht sogar zerstört.[1]

Eben diese Emanzipation des Ökonomischen von den Bindungen an die Normen anderer sozialer Systeme wie der Familie und des Staates, eben die Herausschälung einer eigenen Logik der ökonomischen Vernunft ist eines der tiefsten Kennzeichen der europäischen Geschichte seit der Industriellen Revolution, und sie ist, wie wir gesehen haben, eine der Ursachen für die ökologische Krise. Doch ist diese keineswegs das erste negative Resultat der kapitalistischen Wirtschaft. Das drängendste Problem des 19. Jahrhunderts war die soziale Frage, die sich aus der Zerstörung der tradierten sozialen Ordnung durch die moderne Wirtschaft und Technik ergab; und die verschiedenen Wege, die zur Lösung dieses Problems erdacht und schließlich begangen wurden, sind der tiefste Grund für die politische Spaltung im 20. Jahrhundert geworden. Es ist offenkundig, daß hinter den politischen Gegensätzen ideologische Divergenzen stan-

sondern auch ökologieverträglich und daher ihrer Idee nach der bisherigen westlichen Wirtschaft überlegen ist.

Es wird aufgefallen sein, daß ich der Überzeugung bin, daß Ökonomie und Ökologie im Prinzip miteinander kompatibel sind. So scheint es mir ein verhängnisvoller Irrtum der letzten zwei Jahrzehnte gewesen zu sein, Wirtschaft und Umwelt einander entgegenzusetzen: Wer der Ansicht ist, daß nur eine Zertrümmerung des gegenwärtigen Wirtschaftssystems, nur eine Rückkehr zu vorkapitalistischen Zuständen die Umwelt retten könne, wird erstens nie eine genügende Anzahl von Menschen zu einer Umkehr bewegen; er wird stets dem Verdacht ausgesetzt sein, sein „Zurück zur Natur" sei ein „Zurück auf die Bäume"; sein Romantizismus wird allzuleicht als regressiver Infantilismus belächelt werden können. Und zweitens hat er auch sachlich unrecht: Ohne das unheimliche Effizienzpotential, das den modernen Kapitalismus kennzeichnet, lassen sich die Probleme unserer Zeit, wie etwa das Ernährungs- und das Umweltproblem, nicht lösen. Die Kritiker der unbestreitbaren selbstzerstörerischen Tendenzen der Moderne, die unter dem Deckmantel einer nicht mehr kontrollierten, zum Selbstzweck aufgeblähten technischen und wirtschaftlichen Rationalität unschwer zu erkennen sind, lassen sich seit dem 18. Jahrhundert in zwei Gruppen einteilen, für die paradigmatisch einerseits Rousseau, andererseits Hegel stehen mögen. Die erste Gruppe verwirft die moderne Entwicklung, die den Menschen der Natur entfremdet, in toto; sie erkennt freilich nicht, daß die Fähigkeit zur Kritik an der eigenen Gesellschaft, zur Distanzierung von ihren Entwicklungstendenzen ein notwendiges Produkt der Moderne ist. Sich nach der Natur zu sehnen, ist zutiefst unnatürlich, ist dem Geist, ja der neuzeitlichen Subjektivität vorbehalten; denn die Natur ist, was sie ist, ohne sich nach sich selbst zu sehnen. Die zweite Gruppe hingegen versucht, das Recht der Moderne – zu der die moderne Wissenschaft ebenso notwendig gehört wie der Kapitalismus – „aufzuheben". Ihre Kritik richtet sich nicht gegen die Moderne als solche, sondern gegen ihren Wahn der Emanzipation von ihrer natürlichen und geschichtlichen Grundlage; sie möchte sie einbinden in eine komplexere

Struktur und mit dem Geist der Antike versöhnen. Die Gefahr dieser Strömung besteht freilich darin, daß viele Bewahrer des Status quo sich aus taktischen Gründen in sie einreihen und sich als maßvolle Kritiker ausgeben können, während sie an den erforderlichen Reformen gar nicht interessiert sind.

Und dennoch gibt es keine rationale Alternative zu diesem zweiten Strang der Kritiker der Moderne. Mit Bezug auf das Verhältnis von Ökonomie und Ökologie – in dem sich der Gegensatz Geist–Natur, Moderne–Antike in der für unsere Zeit repräsentativen Gestalt reproduziert – ist unschwer zu begreifen, daß etwa ohne neue Umwelttechnologien die Umwelt nicht zu retten ist: Derartige Technologien aber sind, zumindest anfangs, teuer, zu ihrer Entwicklung und Erwerbung bedarf es Kapitals. Die prinzipielle Versöhnbarkeit von Ökologie und Ökonomie scheint mir besonders deutlich zu werden, wenn man darauf reflektiert, daß wirtschaftliches Handeln darin besteht, mit möglichst geringem Aufwand ein möglichst großes Resultat zu erzielen; Effizienz und Sparsamkeit sind traditionelle ökonomische Tugenden. Sie sind aber zugleich auch ökologische Tugenden: Das Einsparen und das Recycling von Ressourcen, das Isolieren von Räumen, um die Wärme zu bewahren, nützen der Wirtschaft wie der Umwelt. Es ist daher von großer Wichtigkeit, gewisse Standards der wirtschaftlichen Effizienz, wie sie der Kapitalismus entwickelt hat, möglichst überall in der Welt einzuführen; es ist beim besten Willen nicht einzusehen, warum die Beibehaltung von Schlendrian und Verschwendung natürlicher Ressourcen, wie sie sich in vielen Planwirtschaften findet, der Umwelt zugute kommen soll. Mit steigendem Umweltbewußtsein in der Bevölkerung wird ferner auch der Konsument Produkte vorziehen, von denen er weiß, daß sie umweltverträglich sind (zumal wenn sie, aufgrund der Einführung von Umweltsteuern, billiger werden); es wird daher durchaus möglich sein, mit ökologieverträglichen Produkten große Geschäfte zu machen. Vor dieser Entwicklung sollte der Umweltbewußte nicht zurückschrecken: Wenn es einem dynamischen Unternehmer gelingt, mit Ideen, die die Belastung der Umwelt wirklich mindern, seinen Umsatz zu steigern, so kann das der Umwelt recht sein. Moralischer ist es durchaus, sich für ein edles Ziel auch ohne extrinsische Motive einzusetzen; aber wenn bei Benützung der Triebfeder des ökonomischen Interesses sich noch mehr moralisch wünschenswerte Resultate erzielen lassen, dann wäre es zutiefst unmoralisch, sich dem Wirksamwerden dieser Triebfeder zu widersetzen.

In der Tat glaube ich, daß nach einer Phase heftiger Auseinandersetzungen zwischen Umweltschützern und der Wirtschaft eine Entwicklung im Schwange ist, in der viele Unternehmen die Notwendigkeit einer ökologieverträglichen Umgestaltung ihres wirtschaftlichen Handelns begreifen. Bei dieser Entwicklung spielen verschiedene Faktoren eine Rolle: Erstens sind existentielle ethische Motive unverkennbar, die natürlich dadurch gesteigert werden, daß die ökologische Krise zu einem Hauptthema der Massenmedien geworden ist. Bei dem abnehmenden Grenznutzen, den selbst das Geld für eine normale Privatperson ab einer bestimmten Menge hat, ist es naheliegend, daß Bedürfnisse tieferer Seelenschichten wachwerden; den kritischen Fragen der eigenen Kinder etwa kann man sich auf die Dauer nicht entziehen. Zweitens sind auch die eigenen Mitarbeiter langfristig nicht zu motivieren, wenn sie den Glauben daran verlieren, daß das, was sie tun, moralisch akzeptabel ist; sie kündigen innerlich und verlieren die Identifikation mit dem Unternehmen. Dies ist für ein Unternehmen nicht nur wirtschaftlich schädlich; es muß die Führungskräfte, die an ihre eigene Aufgabe glauben, zutiefst kränken. Denn das psychologisch und auch moralisch Faszinierende an einer Führungskraft ist, daß sie Menschen für eine Aufgabe zu begeistern weiß; ein „Unternehmer“ (und in diesem Sinne sind auch Politiker Unternehmer) ist ein Mensch, der eine Gruppe von Menschen zu einem gemeinsamen Handeln zu motivieren vermag. Die intersubjektiven Bindekräfte, die die Führungspersönlichkeit in einem Unternehmen oder einem Staat freisetzt, sind einerseits auf einen dem Handeln externen Zweck ausgerichtet; und doch ist andererseits klar, daß das gemeinsame Handeln stets irgendwie auch als Selbstzweck empfunden wird – und paradoxerweise wird jener externe Zweck mit größerem Elan erreicht, wenn letzteres der Fall ist. Ein Unternehmer, der erfolgreich sein will, kann sich daher langfristig, ja schon mittelfristig nicht abkoppeln von dem Wertewandel in der Gesellschaft, in der er lebt; er wird scheitern, wenn er Werten anhängt, die nur noch von einer Minderheit seiner Mitarbeiter geteilt werden.

Und drittens ist ein Unternehmen natürlich auf die Reaktionen seiner Kunden angewiesen, ja ganz allgemein auf das Bild, das „die Wirtschaft“ in der öffentlichen Meinung genießt. Daß die Umweltkatastrophen dieses Bild getrübt und große Akzeptanzprobleme erzeugt haben, ist evident; und dies ist einer der Gründe, warum Unternehmen immer häufiger von „corporate identity“ reden. Denn die eigene Identität wird dann zum Problem, wenn das Bild, das man von sich hat, gestört wird; dies kann auf zweierlei Gründe zurückgehen. Erstens mag ich wahrnehmen, daß das Bild anderer von mir sich verändert hat; dies wird bei jedem normalen Menschen Anlaß zur Besinnung sein. Allerdings mag es sehr wohl sein, daß das negative Urteil anderer sachlich nicht berechtigt ist; und auch wenn es ein Zeichen von Starrsinnigkeit ist, nicht mit der Möglichkeit rechnen zu wollen, daß die anderen recht haben, kennzeichnet es doch jede große Persönlichkeit, daß sie die Anpassung verweigert und ihren Weg fürbaß schreitet, wenn sie nach einer gründlichen Selbstprüfung zu dem Ergebnis gekommen ist, der Wandel im Urteil anderer sei nicht legitimiert. Zweitens aber mag eine Identitätskrise durch einen Wandel in den eigenen Werten verursacht sein; ich erkenne, daß ich bei Zugrundelegung von neuen Werten, die mich inzwischen überzeugt haben, nicht mit meinem bisherigen Betragen zufrieden sein kann. Die philosophisch nicht leicht zu klärende Fähigkeit des Selbstbewußtseins, über sich selbst zu urteilen (das Mysteriöse an dieser Fähigkeit ist, daß in ihr Richter und Angeklagter identisch, obgleich in einem gewissen Sinne auch unterschieden sind), ist sicher das tiefste Kennzeichen des Menschen – das, was den Menschen, und zwar jeden Menschen, auch den geistig unterentwickelten, von jedem Tier unterscheidet und ihm seine eigentümliche Würde verleiht. Diese Fähigkeit kommt nun auch jeder Institution zu, die nicht völlig verhärtet und damit entmenschlicht ist, obgleich der Zwang, nach dem bisherigen System von Entscheidungen weiterzumachen, für eine Institution wesentlich größer ist als für ein Individuum; und auch wenn hinter der Suche nach einer neuen corporate identity manchmal ausschließlich taktische Motive stehen, so ist doch nicht ausgeschlossen, daß selbst in diesem Fall diese Suche eine Eigendynamik entwickelt, die in einen größeren Ernst mündet.

Für die Rettung der Umwelt scheint es mir daher, ebenso wie es auf volkswirtschaftlicher Ebene unerläßlich ist, Umweltsteuern einzuführen, auf betriebswirtschaftlicher Ebene unabdingbar, diese Suche der Unternehmen nach einer neuen Selbstdefinition zu verstärken. Beides trägt zum Übergang von der Therapie zur Prävention im Umweltschutz bei: Wenn ein Unternehmen aufgrund einer neuen Unternehmenskultur und -moral sich konsequent gegen die Herstellung umweltschädlicher Produkte entscheidet, wird das Problem an der Quelle gelöst;[10] zudem ist es völlig abwegig zu glauben, der Staat könne eine Umweltbürokratie finanzieren, die alle neuen Produkte zu kontrollieren vermöge. Der Staat ist heute im wesentlichen reaktiv; es ist die Wirtschaft, die das Geschehen bestimmt und von deren Selbstbeschränkung am meisten zu erwarten ist.

Eine moralisch vertretbare unternehmerische Entscheidung wird vier Faktoren gegeneinander abzuwägen haben, von denen die spätereren in der Geschichte der kapitalistischen Wirtschaft keineswegs von Anfang an eine Rolle gespielt haben – sie muß wirtschaftlich, sozial, demokratisch und ökologisch sein. Es mag überraschen, daß ich Wirtschaftlichkeit als *moralische* Pflicht ansehe; aber wenn Selbsterhaltung eine Pflicht ist – und zwar auch und gerade für Institutionen, die sich um einen größeren Grad an Moralität bemühen –, dann versteht es sich von selbst, daß ein Unternehmen ein Recht, ja eine Pflicht hat, wirtschaftlich zu arbeiten: Denn nur so kann es auf dem Markt überleben. Allerdings kann das Streben nach dem Profit nicht alles legitimieren; es geht vielmehr darum, daß dieses Streben mit den drei anderen Erfordernissen kompatibel bleibt; sollte dies nicht möglich sein, dann wird es für den Mitarbeiter zur moralischen Pflicht, „nein“ zu sagen und ein solches Unternehmen zu verlassen. – Sozialverträglichkeit temperiert als moralisches Prinzip unternehmerischen Handelns die Wirtschaftlichkeit in Ansätzen schon seit dem letzten Jahrhundert; die Ehe beider ist zur Grundlage der sozialen Marktwirtschaft geworden. Sozial ist ein Unternehmen in meinem Augen allerdings nicht nur, wenn es die berechtigten Interessen seiner Angestellten berücksichtigt – auch die Interessen seiner Kunden, ja all derjenigen, die von seinem Handeln betroffen werden, müssen bei einer gerechten Entscheidung im Auge behalten werden. – Das Gebot der Demokratie in einem Unternehmen betrifft die Form, *wie* Entscheidungen zustande kommen. Hier mag es zu Konflikten zwischen diesem Gebot und der Forderung nach Effizienz kommen; ein Kompromiß wird unvermeidlich sein. In Gestalt der Idee der Mitbestimmung hat die Forderung nach Demokratie im Unternehmen in der kapitalistischen Wirtschaft schon Geschichte gemacht; sie ist dort, wenn auch nur in Ansätzen, eher verwirklicht worden als in Ihrem planwirtschaftlichen System. – Die vierte und letzte Forderung betrifft die Ökologie. Eine Wirtschaft, die in ihren volkswirtschaftlichen Rahmenbedingungen ebenso wie in der Kultur ihrer Unternehmen dieses vierte Kriterium verwirklicht, mag als ökologisch-soziale Marktwirtschaft als ebenso großer Fortschritt gegenüber der sozialen Marktwirschaft gelten, wie es diese gegenüber der liberalen des letzten Jahrhunderts ist.

Der Unternehmer, dessen die ökologisch-soziale Marktwirtschaft bedarf, wird sich in seinem Wesen in vielem von dem bisherigen Manager unterscheiden. Er wird nicht primär an kurzfristige Gewinne denken – er wird vielmehr das eigene wirtschaftliche Handeln in einen größeren kulturellen Kontext und in eine langfristige Entwicklung einzuordnen vermögen. Seine Ausbildung wird sich von der bisherigen grundsätzlich unterscheiden – er wird ein weniger spezialistisches Studium hinter sich haben, wird über ein Grundwissen in den Natur- wie in den Sozialwissenschaften verfügen und wird sich kontinuierlich weiterbilden. In der Tat besteht eine der Hauptursachen für die gegenwärtige Krise darin, daß aufgrund der sich immer rascher verändernden Welt die Halbwertszeit unserer

Informationen ständig abnimmt; und während es einigermaßen leicht ist, neue Fakten zur Kenntnis zu nehmen, ist es schwierig, die Werte zu verändern, die seit Jahrzehnten die eigenen Entscheidungsmuster bestimmen. Wem quantitatives Wachstum ein halbes Leben lang als höchste Aufgabe wirtschaftlichen Handelns vorgeschwebt hat, mag zwar theoretisch schnell einsehen, daß nur ein qualitatives, die eigene Reproduzierbarkeit garantierendes Wachstum sinnvoll ist, aber es wird ihm nicht leichtfallen, das eigene Handeln entsprechend umzustellen. Führungskräfte haben wenig Zeit; und doch wird es eine unumgängliche Investition sein, immer wieder längere Perioden der Korrektur des eigenen Wertsystems zu widmen. Der Manager der ökologisch-sozialen Marktwirtschaft wird über die Fähigkeit verfügen, mit den verschiedensten Subsystemen der Gesellschaft zu kommunizieren, vielleicht sogar eine Zeitlang in ihnen zu arbeiten. Einerseits wird er von der Wissenschaft lernen müssen; andererseits wird er auch selbst der Wissenschaft präzise Fragen stellen, die sie bei ihrer gegenwärtigen Einteilung in einander meist ignorierende Disziplinen kaum beantworten kann. Ein neuer Typ von Wissenschaft wird in der ökologisch-sozialen Marktwirtschaft des Jahrhunderts der Umwelt erforderlich werden – um die drängenden Fragen der technischen Zivilisation zu beantworten, werden einerseits die Gräben zwischen den einzelnen Disziplinen, andererseits diejenigen zwischen Theorie und Praxis überbrückt werden müssen. Eine Frage wie „Was ist nötig, um den Amazonas-Regenwald zu retten?“ kann bei der heutigen Parzellierung der Wissenschaften vom Wissenschaftsbetrieb nicht kompetent beantwortet werden, obgleich ihre Beantwortung unendlich wichtiger ist als diejenige der Frage nach den Quellen des frühen Crusius (die sich öffentlicher Gelder sicher sein kann). Insbesondere wird aber der neue Manager seine Kraft aus einem größeren sittlichen Ernst schöpfen müssen. Die Personalpolitik eines Unternehmens wird zunehmend Menschen suchen und finden, die im Sinne des angegebenen Wertevierecks denken und entscheiden, die etwa die sozialen und ökologischen Kosten des eigenen Verhaltens vorwegzunehmen und zu bewerten suchen: Eine Ökologiebilanz wird zur Pflicht jedes Unternehmens werden. Die Fähigkeit, sich in diesem Viereck zu bewegen, sollte das Kriterium für Beförderungen darstellen – nicht allein der Beitrag zum Profit des Unternehmens.

Das rein quantitative Denken wird dem Manager des Jahrhunderts der Umwelt verdächtig sein. Ihm wird das Maß – die Quantität, die zur Qualität wird – wichtiger sein als das Immer-Mehr; er wird die Zerstörung menschlicher Dimensionen auch dann ablehnen, wenn sie Profit verspricht. Ein solcher Typ von Unternehmer wird nicht nur mehr zum Wohle der Menschheit beitragen als der gegenwärtige – er wird auch ein größeres Glück in sich selbst finden. Denn unsere Anpassung an die Forderungen des Jahrhunderts der Wirtschaft, hinter dem sich die entleerte, selbst zum Objekt erstarrte neuzeitliche Subjektivität verbirgt, hat zwar einerseits unsere Macht erweitert; sie hat uns andererseits in Rädchen im Getriebe dieser Subjektivität verwandelt, die einer Persönlichkeit im tieferen Sinne des Wortes beraubt worden sind.

Der Übergang von der liberalen zur sozialen Marktwirtschaft war ein langsamer und mühsamer Prozeß, an dem Staat und Wirtschaft gleichermaßen beteiligt waren. In der Bundesrepublik Deutschland wurde allerdings die Errichtung einer sozialen Marktwirtschaft dadurch wesentlich erleichtert, daß nach dem Zusammenbruch des Totalitarismus eine radikale Neuordnung möglich und nötig wurde, die auf einen allgemeinen sozialen Konsens angewiesen war, der die Gegensätze der Weimarer Republik überbrückte. Ist meine Hoffnung zu kühn, daß es Ihrem Lande möglich werden könnte, zusammen mit der Einführung von Marktmechanismen den Schritt zur ökologisch-sozialen Marktwirtschaft zu wagen? Der Übergang zu diesem Wirtschaftstypus ist jedenfalls das, was auf der Tagesordnung der Geschichte steht; das Tempo, mit dem wir ihn international einführen können, wird die Überlebenschancen der Menschheit entscheidend mitbestimmen.

V. Politische Konsequenzen aus der ökologischen Krise

Die politische Philosophie hat sich mit zwei Fragen zu beschäftigen, die ihrem Wesen nach streng unterschieden sind. Einerseits geht es in ihr um die Strukturen des idealen Staates; andererseits handelt sie von der viel schwierigeren Frage, wie, mit welchen Maßnahmen seitens des jetzt bestehenden Staates, eine Annäherung an den bzw. eine weitere Entfernung von dem idealen Staat zu erreichen bzw. zu verhindern ist, der als regulative Idee seine Geltung auch dann behält, wenn gezeigt werden kann, daß er nie vollständig verwirklicht zu werden vermag. Beide Fragestellungen erfordern angesichts der ökologischen Krise neue Antworten: Denn wenn die Erhaltung dieses Planeten für kommende Generationen eine von der bisherigen Staatsphilosophie als selbstverständlich unterstellte und daher nie explizierte Pflicht ist, deren Verwirklichung durch die moderne Technik ernsthaft in Frage gestellt wird, dann wird es heute zur Aufgabe der Staatsphilosophie, institutionelle Konsequenzen aus dieser Pflicht zu ziehen, Konsequenzen, auf die solange verzichtet werden konnte, als die Verwirklichung dieser Pflicht nicht zweifelhaft war. Insbesondere stellt sich die Frage, wer die Rechte der kommenden Generationen schützen könnte.

Zweitens ist aber auch klar, daß die reale Möglichkeit einer Zerstörung der Menschheit oder zumindest von Katastrophen, die alles Bisherige in den Schatten stellen könnten, das Problem des Staatsnotstandes in einem neuen, grelleren Licht erscheinen läßt.[1] Daß angesichts der Gefahren des 21. Jahrhunderts außerordentliche Maßnahmen erforderlich werden könnten, kann vom Einsichtigen leider auch dann nicht bestritten werden, wenn er sich darüber Rechenschaft gibt, daß Argumentationen dieser Art stets gefährlich sind und daß es besonders in Ihrem Lande jetzt darum geht, eine demokratische Kultur aufzubauen. Immerhin kann gesagt werden, daß je früher die Verwirklichung der erforderlichen staatsrechtlichen Institutionen zum Schutze der Umwelt stattfindet, desto geringer die Wahrscheinlichkeit des Eintritts eines Staatsnotstandes ist. Wer diesen Fall, wie jeder Vernünftige, vermeiden will, wird sich daher für die rasche Errichtung der genannten Institutionen einsetzen; wer diese hinausschiebt, weil sie seinem Verständnis von liberaler Demokratie widersprechen, ist in Wahrheit ein Totengräber der Demokratie, weil er das Herannahen sozialer Katastrophen furchtbaren Ausmaßes beschleunigt, wie sie nach bisheriger geschichtlicher Erfahrung stets die Demokratie zerstört haben.

Der doppelte Begriff der politischen Philosophie hat eine Konsequenz, die m. E. selbst von Hegel nie richtig gesehen wurde. Einerseits hat Hegel darin recht, daß jeder normale Staat einer Sittlichkeit bedarf, also einer intersubjektiv anerkannten, in Gewohnheiten institutionalisierten Moral, die die Unberechenbarkeit und Beliebigkeit des subjektiven moralischen Meinens transzendiert und allein so etwas wie gemeinsames Handeln ermöglicht. Der Übergang von der vorletzten zur letzten Vorlesung basierte gerade auf dieser Idee: Eine moralische Besinnung auf unsere neuen Pflichten wird nicht viel bewirken, wenn es nicht gelingt, die Rahmenbedingungen der Volkswirtschaft und die innere Struktur der Unternehmen derart zu ändern, daß das moralisch gebotene Handeln sich auch unter egoistischen Gesichtspunkten lohnt, weil alle nach den neuen Normen handeln – kurz, wenn es nicht gelingt, dafür zu sorgen, daß der Gute nicht mehr der Dumme ist. Andererseits aber übersieht Hegel, daß der Staat nicht nur eine Sittlichkeit im eben genannten Sinne voraussetzt, sondern in Zeiten des Umbruchs selbst einer neuen Moral vorarbeiten muß; der große Staatsmann muß daher, wenn auch notwendig im Gewande der tradierten Sittlichkeit, Funktionen übernehmen, die Hegel ausschließlich der Moralität zuweist. Wenn die neuen Rahmenbedingungen in einem Volke eingewurzelt sind, dann mag man sich auf seine Sittlichkeit verlassen; aber die Zeit, während der die neuen Werte Fuß fassen, ist schwierig, oft gefährlich und stellt besondere Anforderungen an die Politik. Um das Gesagte auf die ökologische Krise anzuwenden: Wenn wir eine ökologische Reform des Steuersystems durchgesetzt haben werden, dann werden Eigennutz und Moral wieder koinzidieren und wird auf eine neue Sittlichkeit Verlaß sein; einstweilen ist jedoch mit starken Widerständen gegen die Änderung der gegenwärtigen Rahmenbedingungen zu rechnen. Der große Politiker, der Erfolg haben soll, wird daher über Moralität und Sittlichkeit (in Hegels Sinne) zugleich verfügen müssen: Er wird den Enthusiasmus, der jede existentiell ernste moralische Neubesinnung kennzeichnet, mit einer genauen Kenntnis der Machtmechanismen der realen Sittlichkeit verbinden müssen, wenn er mehr sein will als ein Verwalter des Status quo bzw. als ein moralischer Enthusiast, der an der Wirklichkeit scheitert.

Um mit der ersten Aufgabe der politischen Philosophie zu beginnen, so scheint es mir nicht übertrieben, den Bestimmungen des vernünftigen Staates eine neue hinzuzufügen: Der soziale und demokratische Rechtsstaat muß zugleich ein ökologischer Staat sein. Gemeint ist damit, daß eine der wichtigsten Staatsaufgaben in der Erhaltung der natürlichen Lebensgrundlagen bestehen muß. Ein Staat, der dies nicht leistet, verliert seine Legitimität auch dann, wenn er den status negativus, den status positivus und den status activus und passivus seiner lebenden Bürger ebenso vorzüglich wahrt wie die meisten westlichen Demokratien – wenn er also Abwehr-, Anspruchs- und politische Rechte garantiert. Zwar liegt es durchaus in der Entwicklungslogik der Rechtsidee, daß die Rechte kommender Generationen bzw. der Natur erst am Ende der geschichtlichen Entwicklung erfaßt werden, eben weil es sich hierbei nicht um souveräne Subjekte handelt, die allein die Rechtsidee formulieren können; aber das ändert nichts daran, daß das Verfehlen dieser letzten Stufe nicht bloß ein bedauerlicher Mangel ist, der den Rechtsstaat gleichsam seines letzten Schliffs beraubt, sondern daß es den Rechtsstaat vollständig vernichtet, weil es die Bedingung der Möglichkeit seines realen Überlebens untergräbt.

Was bedingt der ökologische Charakter eines Rechtsstaats im einzelnen? Um mit den grundlegenden Begriffen des Rechts zu beginnen, Person und Eigentum, so scheint es mir offenkundig, daß die klassische Zweiteilung der Rechtswelt in Personen und Sachen korrigiert werden muß – sie entspricht in ihrer modernen Form zu offenkundig der Cartesischen Einteilung der realen Welt in res cogitans und res extensa, in der wir den tiefsten Grund für die ökologische Krise erkannt haben. Zwischen der unbelebten Natur und dem Menschen vermittelt als eigene ontologische Sphäre das Reich des Organischen, und die Gewalt, die der Mensch ihm antut, tut er potentiell auch sich an, da er selbst diesem Reich entsprossen ist. Aber auch unabhängig davon haben wir schon gesehen, daß das empfindende Tier – und erst recht Ökosysteme – eine ontologische Dignität besitzen, die nicht nur die Moral, sondern auch das Recht zu schützen haben. Tierschutzgesetze sind sinnvoll, erst recht Maßnahmen zum Biotop- und Artenschutz (um von Embryonenschutzgesetzen zu schweigen, die allerdings dann überflüssig werden könnten, wenn man Embryonen als Personen betrachtete). Daß das Tier inzwischen im deutschen Recht eine eigene juristische Kategorie zwischen Person und Sache geworden ist, ist als Fortschritt auf dem Wege zu einem ökologischen Staate zu begrüßen.

Von noch grundlegenderer Bedeutung ist eine Korrektur am Eigentumsbegriff. Dem Autonomieideal der Moderne (und der eigenwilligen psychischen Struktur der bürgerlichen Subjektivität) entspricht es, daß das moderne Eigentum im Prinzip volles Eigentum ist, auch wenn es natürlich Einschränkungen zu diesem Prinzip gibt. Hegel etwa verteidigt dieses uneingeschränkte Eigentum, während Fichte den Eigentumsbegriff vom Gebrauchsbegriff her faßt und daher die Kompatibilität mehrerer partieller Eigentümer an demselben Komplex – wie etwa einem Walde – lehrt.[2] Mir scheint eine Reaktualisierung des Fichteschen Eigentumsbegriffs aus ökologischen Gründen äußerst wünschenswert. Der Eigentümer an lebenswichtigen regenerierbaren Ressourcen (das kann das Meer, das kann der tropische Regenwald sein) darf m. E. nicht das Recht haben, diese zu vernichten – er kann nur ihre Früchte verwenden, darf aber das natürliche Kapital nicht antasten. Um letzteres zu vermeiden, ist die Verwandlung in öffentliches Eigentum weder eine notwendige noch gar eine hinreichende Bedingung: Daß öffentliches Eigentum verschleudert wird, wird weder durch die Logik noch durch die Erfahrung ausgeschlossen, wenn nicht eigene Gesetze (von denen sich in vormodernen Kulturen manche finden) dies verbieten. Das berühmte Sprichwort „Wir haben die Erde von unseren Kindern nur geborgt" deutet an, was ich im Auge habe: Die Bedingung der Möglichkeit des Überlebens der Menschheit darf weder von einem einzelnen noch von einem Kollektiv vernichtet werden. Auf die völkerrechtlichen Konsequenzen dieses Satzes werde ich noch eingehen.

Ein weniger grundsätzlicher, aber sehr nützlicher Aspekt eines ökologieverträglichen Eigentumsbegriffs wäre folgender. Bekanntlich besteht eines der Hauptprobleme unserer Wegwerfgesellschaft in der maßlosen Produktion von Müll – wenig ist beschämender für die Erste Welt als der Export hochgiftigen Mülls in die Länder der Dritten Welt, wenig kennzeichnet die nicht fortsetzbare Absurdität der heutigen Situation radikaler als jene Nachfahren des Fliegenden Holländers, also jene Gespensterschiffe mit giftigen Ladungen an Bord, die durch die Weltmeere irren und schließlich ihre Ladung irgendwie verschwinden lassen. Dieses ganze Problem – für das keineswegs ausschließlich die Produzenten, sondern ebensosehr die Konsumenten verantwortlich sind – ließe sich zum Teil an der Wurzel lösen, wenn etwa die Flasche Saft, die man erwirbt, Eigentum des Geschäftes bliebe und nur der Saft in das Eigentum des Käufers überginge. Dann bestünde eine Rechtspflicht, die Flasche zurückzubringen, und wer diese Pflicht vorsätzlich verletzte, könnte strafrechtlich verfolgt werden. Analog würde die Zahl der Autofriedhöfe drastisch zurückgehen, wenn man Autos nur bis zu ihrem Unbrauchbarwerden leasen könnte und ihr Rohmaterial schließlich an den Hersteller zurückgeben müßte. Das Recyclen von Papier – das zu minderer Qualität führt – könnte vermieden werden, wenn Zeitungen – an denen ja nicht ihr materielles Substrat, sondern ihr Inhalt interessant ist – Eigentum des Verlages blieben, an den sie nach einigen Tagen zurückgingen; würde abwaschbare Druckerschwärze benützt, könnte dasselbe Papier wiederverwendet werden.

In Anbetracht der radikalen Erweiterung der Folgen unseres Handelns werden auch der zivil- und der strafrechtliche Begriff der Verantwortung korrigiert werden müssen: Wer mehr Macht hat, hat auch mehr Pflichten – dieser Satz gilt auch hier. Änderungen im Haftungsrecht, etwa was die Beweislast angeht, können viel dazu beitragen, daß ein die Umwelt gefährdendes Verhalten eingeschränkt wird. Der rechtsphilosophische Gedanke, der der Gefährdungshaftung zugrunde liegt, ist unbedingt zu bejahen: Wer gefährliche Maschinen erwirbt, akzeptiert, daß sie im Prinzip unerwünschte Folgen haben können; er ist daher auch dann für diese zivilrechtlich verantwortlich, wenn ihm weder Vorsatz noch Fahrlässigkeit nachgewiesen werden können. Ob, wie in USA, auch Institutionen strafrechtlich verantwortlich sein sollten, mag hier offenbleiben; denn natürlich dürfen utilitaristische Argumente nicht dazu führen, daß fundamentale Elemente in der Idee der Gerechtigkeit, die mit dem Autonomieprinzip unlöslich verbunden sind, preisgegeben werden. Das schließt freilich keineswegs aus, daß der Ausbau des Umweltstrafrechts energisch voranzutreiben ist (auch wenn er nicht die Einführung der in der letzten Vorlesung besprochenen marktförmigen Instrumente ersetzen kann). Es schlägt der Idee der Gerechtigkeit ins Gesicht, wenn etwa ein Ladendieb härter bestraft und in der Gesellschaft strenger verurteilt wird als derjenige, der sich an den Lebensgrundlagen des Menschen vergreift, um schnelle Gewinne zu erzielen. Von besonderer Bedeutung scheint mir die Erzielung eines Konsenses über die Güter- und Werthierarchie, um StGB § 34 in einer der heutigen Situation angemessenen Weise anwenden zu können. Bekanntlich ist es im rechtfertigenden Notstand nicht rechtswidrig, ein Rechtsgut zu verletzen, wenn dies notwendig ist, um ein höheres zu retten – Eingriffe in fremdes Eigentum sind gestattet, wenn sie etwa zur Rettung menschlichen Lebens erforderlich sind. Sollten aber nicht nach demselben Prinzip auch Handlungen gestattet sein, die, um zur Rettung der Umwelt beizutragen, nicht zentrale Rechtsgüter verletzen? Dient nicht die Sensibilisierung für die Gefahren der FCKW-Produktion der Bewahrung eines höheren Rechtsgutes, als es etwa das Hausrecht einer Fabrik ist, die FCKWs herstellt? Kurz: Sind nicht entsprechende Handlungen von Greenpeace nicht nur als moralisch, sondern auch als rechtmäßig zu betrachten?

Weitaus ernster sind die rechtspolitischen Konsequenzen der ökologischen Krise, wenn wir uns staatsrechtlichen Fragen zuwenden. Die moderne Technik hat, scheint mir, das klassische Argument für die Demokratie in einer eigenwilligen Weise abgeschwächt. Dieses Argument lautete bekanntlich, diejenigen Menschen, die von einer Entscheidung betroffen seien, müßten diese Entscheidung selber fällen; nur so sei langfristig zu verhindern, daß ihre legitimen Interessen unterdrückt würden. An dem Argument selbst ist nicht zu rütteln; nur folgt aus ihm, daß die gegenwärtige Form der Demokratie nicht legitim ist. Denn wir treffen täglich Entscheidungen, die weit über die räumlichen Grenzen unseres Staates bzw. die zeitlichen Grenzen unserer Generation hinausreichen; und auch wenn dies in gewissem Sinne immer der Fall war, so zeugt es doch von gekünstelter Naivität, den qualitativen Unterschied zu übersehen, der zwischen der antiken und der modernen Technik und damit zwischen dem Überschießen der Folgen von Entscheidungen über die Entscheidenden selbst in der Vergangenheit und in der Gegenwart besteht. Man braucht nicht Marxist zu sein, um anzuerkennen, daß die Quantität ab einem gewissen Punkt in Qualität umschlägt.

Illegitim sind unsere Entscheidungen nicht an sich, sondern weil es keine prozeduralen Mechanismen gibt, die die Berücksichtigung der Interessen der von diesen Entscheidungen Betroffenen garantieren. Wie könnten solche Mechanismen aussehen? Mir scheint, daß die Einführung derartiger Mechanismen, auch wenn sie die Entscheidungsfreiheit der heute Lebenden einschränkt, die Demokratie nicht begrenzt, sondern in Wahrheit zu ihrer Vollendung führt – denn dasselbe Argument, aufgrund dessen man während der Auseinandersetzungen um die Erringung der Demokratie erklärt hat, man könne sich nicht mit blindem Vertrauen in die Güte der monarchischen Regierung begnügen, wird nur fortentwickelt, wenn man heute eine institutionelle Garantie für die Rechte der kommenden Generationen fordert. Allerdings besteht durchaus ein gewichtiger Unterschied: Beim Übergang von der Monarchie zur Demokratie war es möglich, die von den Entscheidungen Betroffenen direkt in den Entscheidungsprozeß einzubeziehen. Das ist heute bei bestem Willen undenkbar – denn die kommenden Generationen existieren noch nicht. Was also ist zu tun? Ich habe in der dritten Vorlesung schon angedeutet, in welcher Richtung die Lösung zu suchen ist – wir brauchen gewissermaßen staatsrechtliche Pendants zur zivilrechtlichen Figur des Vormunds.

Was kann dies konkret bedeuten? Zunächst einmal scheint es mir unerläßlich, den Umweltschutz als Staatsziel in alle Verfassungen aufzunehmen (möglichst ohne Gesetzesvorbehalt). Das gewährt in Ländern mit Verfassungsgerichtsbarkeit – deren Einführung allgemein zu empfehlen ist – die Möglichkeit, gegen Entscheidungen der Legislative zu klagen. Allerdings ergibt sich hier ein Problem, das in der Natur der Sache liegt. Das Verfassungsgericht hat im Grunde nur negative legislatorische Kompetenz – es kann Gesetze außer Kraft setzen, die es für verfassungswidrig erachtet, es kann nicht selbst Gesetze erlassen. Dies ist in der Tat sinnvoll, wenn man an dem Gedanken der Gewaltenteilung festhält; im Falle des Umweltschutzes führt es aber doch zu besonderen Schwierigkeiten, da es hier wesentlich auch auf positive Gesetze ankommt, nicht nur auf die Abschaffung bestehender Gesetze. Freilich gilt der eben genannte Grundsatz einer Beschränkung auf negative legislatorische Kompetenzen nicht ausnahmslos: Als das deutsche Bundesverfassungsgericht 1975 den reformierten Paragraphen 218, der bei der Abtreibung die Fristenlösung eingeführt hatte, für verfassungswidrig erklärte, hätte die gänzliche Außerkraftsetzung des Paragraphen 218 dazu geführt, daß die Abtreibung vollständig erlaubt worden wäre, was gegen den Sinn der Gerichtsentscheidung verstoßen hätte; interimistisch regelte daher das Bundesverfassungsgericht die Abtreibung bis zum Erlaß eines mit der Verfassung kompatiblen Gesetzes. In der Tat liegt

dies in der Logik des Überganges vom bloßen status negativus zum status positivus: Wenn die Verfassung nicht nur Rechte gewährt, die den Bürger vor dem Staat schützen, sondern den Bürgern einen Anspruch auf bestimmte Leistungen des Staates zuspricht, dann muß das Verfassungsgericht unter gewissen Vorausetzungen den Gesetzgeber zu positiven Gesetzen zwingen können. Doch versteht es sich, daß dies nur in äußersten Ausnahmefällen gestattet sein kann, wenn nicht die Gewaltenteilung untergraben werden soll.

Es liegt auf der Hand, daß der Umweltschutz nicht nur das Verfassungsgericht beschäftigen wird; auch die Verwaltungsgerichte, ja die Straf- und Zivilgerichte werden sich zunehmend mit umweltrechtlichen Fragen befassen müssen, ja tun dies schon längst. Ob die Ausbildung der Richter hinreicht, um die anstehenden Probleme allein mit Hilfe von Gutachtern sachgemäß zu entscheiden, mag offenbleiben; vermutlich werden Personen ausgebildet werden müssen, die neben ihrer juristischen Ausbildung auch Kompetenzen erwerben, die sie befähigen, die Überlebensfragen der modernen Industriegesellschaft wenigstens strukturell zu überblicken. Mir scheint, daß die Richter der Zukunft keine reinen Juristen sein können – denn das positive Recht ist kein Selbstzweck, sondern nur die gerechteste und oft auch effizienteste Weise, Sachprobleme konsensfähig zu lösen. Dazu sind freilich Kenntnisse der materialen Sachprobleme erforderlich, und für einen Richter ist es, aufgrund seiner sozialwissenschaftlichen Ausbildung, viel leichter, sich etwa in wirtschaftliche als in ökologische Fragen einzuarbeiten.

Innerhalb der Regierung wird das Amt des Umweltministers entscheidend aufgewertet werden müssen: Das Umweltministerium muß zu einem Schlüsselministerium werden, dem Außen-, Innen-, Wirtschafts- und Finanzministerium vergleichbar, von dem der Aufstieg in das Amt des Ministerpräsidenten möglich ist. (Es ist kein Zufall, daß der bisher einzige Ministerpräsident, der zu diesem Amt aus dem Umweltministerium aufrückte, Frau Gro Brundtland, die Vorsitzende der Weltkommission über Umwelt und Entwicklung der Vereinten Nationen wurde, der wir den berühmten Bericht „Our common future" verdanken.) Seine Stimme im Kabinett muß besonderes Gewicht haben – die Forderung nach einem Vetorecht des Umweltministers scheint mir sinnvoll. Bekanntlich steht dieses Recht bisher dem Finanzminister zu – und zwar deswegen zu Recht, weil die moderne Demokratie leicht dazu tendiert, den gerade Lebenden bzw. den Stimmberechtigten Vorteile auf Kosten derjenigen zu verschaffen, die noch nicht stimmberechtigt sind bzw. noch nicht leben: Die Staatsverschuldung ist Ausdruck dieser unverantwortlichen Großzügigkeit auf Kosten anderer; und der Finanzminister hat die Pflicht, diesen Tendenzen zu wehren. Ein analoges Argument gilt freilich a fortiori auch für den Umweltminister – die Zerstörung der natürlichen Ressourcen ist noch unverantwortlicher als die Staatsverschuldung, die – jenseits bestimmter Grenzen – das Geldkapital des Staates zerrüttet. Es liegt daher etwas merkwürdig Unlogisches in der Tatsache, daß manche besorgte Kritiker der Staatsverschuldung aus der Wirtschaft nichts von radikalen Maßnahmen zum Schutze der Umwelt wissen wollen; wie es umgekehrt eigenwillig ist, daß einige Umweltschützer sich über die finanzielle Absicherung ihrer Vorschläge erstaunlich wenig Gedanken machen, wenn sie nicht offen eine weitere Erhöhung der Staatsverschuldung in Kauf zu nehmen bereit sind.

Dies ist freilich nicht als Argument für die Beibehaltung des Etats des Umweltministers auf dem bisherigen Stand gedacht – es entbehrt nicht grotesker Züge, daß der Etat des Umweltministers der Bundesrepublik Deutschland nur unwesentlich höher ist als der Kulturetat der Stadt Frankfurt. Auch wenn ein Ziel der Umweltsteuern darin besteht, die Kosten des staatlichen Umweltschutzes zu senken, ist eine Vergrößerung der Umweltverwaltung unerläßlich. Wichtiger noch als ihre quantitative Steigerung ist ihre qualitative Verbesserung; und ebenso muß es gelingen, die derzeit noch zersplitterten, auf verschiedene Ministerien verteilten Aufgaben des Umweltschutzes einem zentralen Organ unterzuordnen. Das Umweltbundesamt schließlich muß in der öffentlichen Meinung einen ähnlichen Stellenwert erhalten wie etwa die Bundesanstalt für Arbeit, deren monatliche Berichte eine große Sensibilisierung für die sozialen Probleme der modernen Wirtschaft bewirkt haben. Es entspräche dem Übergang vom Sozialstaat zum ökologischen Staat, daß, um einen Vorschlag J. Fischers aufzugreifen, dem ich im vorigen gefolgt bin,[3] analog der Präsident des Umweltbundesamtes monatlich im Fernsehen über Erfolge und Niederlagen im Umweltschutz berichtete.

Was die Legislative angeht, so hängt ihre Legitimität ganz offenkundig zunehmend von ihrer Fähigkeit ab, die ökologischen Probleme zu verstehen und adäquat auf sie zu reagieren. Die Parlamentarier sind im modernen Rechtsstaat bekanntlich keine Interessenvertreter ihrer Wähler – sie vertreten das ganze Volk, und es sollte ihnen deutlich zu Bewußtsein kommen, daß unter „ganzes Volk" nicht nur die gegenwärtig Lebenden zu verstehen sind. Die Erwerbung der entsprechenden Kenntnisse sollte ihnen dringend nahegelegt, die Showelemente der Politik entsprechend reduziert werden, damit sie die dazu nötige Zeit erübrigen können. Darüber hinaus möchte ich aber zu erwägen geben, ob nicht dem Parlament eine eigene Institution angegliedert werden sollte, die gewissermaßen symbolisch die Interessen der kommenden Generationen und der Natur repräsentierte. (Dies scheint mir ein weitaus besserer Vorschlag als die kürzlich erwogene Einführung eines Pluralwahlrechts, das sich nach der Zahl der Kinder richten sollte.) Eine solche Institution, deren Mitglieder nicht notwendig ein Stimm-, wohl aber ein Rederecht im Parlament hätten, müßte aus ausgewiesenen Fachleuten in den überlebensrelevanten Disziplinen bestehen; diese müßten sich als Vormünder der kommenden Generationen verstehen und zu jedem in dieser Hinsicht wichtigen Gesetz gehört werden müssen. Direkt können sie nicht gewählt werden, da Vormünder nicht von ihren Mündeln gewählt, sondern aufgrund ihrer Eignung, für das Interesse des Mündels zu sorgen, bestimmt werden; entsprechend sollten sie teils vom Staatspräsidenten oder vom Verfassungsgericht ernannt, teils vom Parlament aus einer Gruppe dafür nachweislich qualifizierter Bewerber gewählt werden, wobei parteipolitische Gesichtspunkte keine Rolle spielen dürften. Auch wenn eine solche Institution keine reale Entscheidungsbefugnis hätte, könnte ihre moralische Autorität doch sehr groß werden und einen heilsamen Einfluß auf die Gesetzgebung ausüben.

Hans Jonas hat kürzlich an die wichtige soziale Funktion des römischen Zensorenamtes erinnert: nämlich den Luxus der politischen Eliten kritisch zu kontrollieren.[4] Obgleich eine solche Institution mit dem Geist der Moderne unverträglich sein dürfte, berührt doch Hans Jonas einen sehr wichtigen Punkt: Ein Staat wie der römische, der in vielen Dingen über eine politische Weisheit verfügte, von der die späteren trotz aller Aufklärung nur träumen können, hatte ein sehr waches Bewußtsein darüber, daß die politischen Eliten eine Vorbildfunktion für die ganze Bevölkerung wahrzunehmen haben und daß sie ihre Aufgabe verraten, wenn sie diese Funktion vernachlässigen. Insbesondere hatte er einen feinen Sinn für die moralischen Gefahren, die vom Luxus ausgehen[5] (man denke an die Anekdote über Lucullus in Ciceros „De legibus" III 30); und zweifelsohne sind diese Gefahren im Zeitalter der ökologischen Krise bedeutend gewachsen. Von Politikern ist daher zumindest eine strenge Selbstkontrolle zu erwarten, was die Ökologieverträglichkeit ihres Verhaltens angeht, von der Bevölkerung die Weigerung, Politiker zu wählen, die zu einer solchen Selbstkontrolle nicht fähig sind.

Ganz allgemein ist es von entscheidender Bedeutung zu begreifen, daß eine demokratische Entscheidung nicht deswegen richtig ist, weil sie von der Mehrheit der Bevölkerung oder des Parlaments gewollt wird; sie ist richtig oder falsch aufgrund sachlicher Argumente, und die Demokratie ist u.a. deswegen eine den anderen überlegene Staatsform, weil sie im allgemeinen gröbere Irrtümer bei der Suche nach der Wahrheit vermeidet. Die Qualität einer Demokratie richtet sich nach ihrer Fähigkeit, Sachprobleme zu lösen; und es ist leider denkbar, daß diese Fähigkeit schwindet, wenn die Führungskräfte einer Demokratie ihre Energie auf einen Kampf um ihren Anteil an der Macht konzentrieren und unfähig werden, Sachfragen zu lösen oder auch nur zu verstehen. Die Demokratie wird die ökologische Krise nur bewältigen, wenn sie sich nicht auf die Zelebrierung ihrer Staatsform beschränkt, sondern diese so konkretisiert, daß sie zur Lösung von Sachproblemen befähigt. Insbesondere scheint es mir offenkundig, daß eine Demokratie über sachgemäße Verfahren der Ausbildung von Führungskräften verfügen muß. Je nach dem historischen Ort eines Staates werden die Kompetenzen dieser Führungskräfte unterschiedlich sein; im Jahrhundert der Umwelt werden sie ihren Schwerpunkt in der Ökologie haben. Die Erziehung politischer und gesellschaftlicher Eliten ist, wie das Beispiel Großbritanniens und der USA zeigt, nicht nur mit der Demokratie kompatibel, sondern eine Bedingung ihrer Stärke (zumal wenn sich die Zugehörigkeit zu einer Elite nicht vererbt und sie über keine sozialen Privilegien verfügt); es kommt allerdings entscheidend darauf an, die Kenntnisse und die Werte der Eliten an die Herausforderungen der geschichtlichen Situation anzupassen; ansonsten werden sie zu einem reaktionären Faktor.

Aus der Kritik am maßlosen Quantitätsdenken folgt, daß entscheidende Schritte in der Umweltpolitik auf kommunaler Ebene getan werden müssen. Es können nicht alle Probleme global gelöst werden; die Wurzeln der Umweltpolitik müssen in der Stadt, ja im eigenen Hause liegen, wenn der Wahn sinnloser Megaprojekte überwunden werden soll. Eine umweltgerechte Stadt, ein umweltgerechtes Haus können dann allerdings auch die Bereitschaft des Menschen steigern, sich auf globaler Ebene zu engagieren. In der Tat scheint mir, daß die Zerstörung des biologischen „Oikos", des großen Hauses der Natur, nur der letzte Ausdruck einer Tendenz ist, die mit der maßlosen Vergrößerung von Haus und Stadt als den beiden traditionellen räumlichen Einheiten des Zusammenlebens der Menschen im 19. Jahrhundert beginnt. Die Schleifung der Stadtmauern ergibt sich einerseits mit Notwendigkeit aus der demographischen Entwicklung, der Industrialisierung und der Bildung der modernen Territorialstaaten, und es besteht kein Zweifel, daß in ihr ein Moment von Freiheit liegt. Andererseits ist die Sprengung von Grenzen nur die eine Hälfte der Freiheit; wenn Freiheit konkret, wenn sie mehr als eine Abstraktion sein will, dann muß sie sich selbst neu zu begrenzen wissen – sie muß dem Trend nach dem Immer-Mehr zu entsagen wissen. Das Prinzip des Hochhauses und der modernen Metropole ist dieselbe abstrakte Negation der Grenze und des Maßes, die sich einmal in die Vertikale, ein anderes Mal in die Horizontale erstreckt. Die geheimen Proportionen, die zwischen den drei physischen Häusern des Menschen bestanden haben – also zwischen dem eigentlichen Haus, der Stadt und der umgebenden Natur –, jene Proportionen, die jeden Besucher etwa einer italienischen Stadt aus dem Mittelalter oder der Renaissance unbewußt faszinieren und fesseln, sind in den modernen Metropolen mit ihren Wohnsilos unwiderruflich zerstört; und die Zerstörung ihrer Harmonie hat entscheidend dazu beigetragen, daß die Seele des modernen Menschen die Harmonie des Kosmos nicht mehr zu empfinden vermag und in der Angleichung an sie keinen Wert mehr zu sehen weiß.

Die umweltgerechte Gestaltung der Städte und der Häuser bedeutet u.a., daß sie den Müll, den sie produzieren, soweit nur möglich wiederzuverwerten haben und jedenfalls nicht von sich wegschieben können; sie impliziert ferner eine weitgehend dezentrale Energieversorgung. Nur so wird sich eine größere Bereitschaft ergeben, die Bedingungen und Folgen des eigenen Konsums zu verantworten, wenn sie einem ständig vor Augen geführt werden und ihre kollektive Verdrängung nicht mehr so leicht möglich ist. Der Gebrauch umweltverschmutzender privater Verkehrsmittel wird in der umweltgerechten Stadt auf das unabdingbare Minimum eingeschränkt werden. Dazu ist freilich eine andere Verteilung zwischen Arbeits- und Wohnplätzen erforderlich. Die Urbanistik ist eine Schlüsselwissenschaft für die Rettung der Umwelt. – Nicht minder dringlich ist eine Umgestaltung der Landwirtschaft. Es ist bedrückend, daß diejenige Sphäre menschlichen Wirtschaftens, die ihrem Wesen nach am meisten mit der Natur zu tun hat, zu einem der größten Umweltverschmutzer geworden ist, und zwar ohne daß die in Westeuropa durch die Agrochemie – wer weiß wie lange noch – ermöglichte Überproduktion irgendwie sinnvoll verwendet werden kann. Der quantitative Zuwachs, der durch die Monokulturen erreicht werden kann, wiegt nicht die Gefahren einer immer größeren

Abhängigkeit der Welternährung von immer weniger Pflanzen- und Tierarten auf.

Und trotz der Unumgänglichkeit, in kleinem Rahmen mit dem Umweltschutz zu beginnen, scheint es mir ein großer Irrtum zu glauben, allein damit ließen sich die existenzbedrohenden ökologischen Probleme lösen. Lokales und globales Handeln müssen einander ergänzen – jenes, wo immer möglich, dieses, wo immer erforderlich. Das Weltklima läßt sich nicht stabilisieren, die Verdünnung der Ozonschicht nicht aufhalten, wenn sich die Politik auf nationale Alleingänge beschränkt. Eine Umweltaußenpolitik wird in baldiger Zukunft den Hauptbestandteil der Außenpolitik bilden müssen – so wie im Jahrhundert der Wirtschaft die Hauptaufgabe der Außenpolitik in der Regelung der zwischenstaatlichen Wirtschaftsbeziehungen bestand. Ja, die Bildung von internationalen Institutionen mit realer Zwangsgewalt hat durch die ökologische Krise eine Dringlichkeit erhalten, die sie bisher nicht hatte. Bekanntlich spielt die Idee des Universalstaates in der politischen Philosophie seit dem Hellenismus eine Rolle; auf der Grundlage der modernen Rechtsphilosophie ist ihre Rechtfertigung in besonders eindrucksvoller Weise von Kant vorgenommen worden.[6] Nur der Universalstaat kann die Rechtsidee vollenden, insofern nur er den Rest von Naturzustand beseitigen kann, der in den zwischenstaatlichen Beziehungen bestehen bleibt, bei deren Regelung kein gemeinsamer Richter existiert, sondern in letzter Instanz die Gewalt entscheidet. Zu Kants Zeiten blieb freilich seine Idee nur eine moralische Sollensforderung; es gab keinen realpolitischen Grund, sie zu erfüllen. Das hat sich, dank der modernen Technik, geändert; und daher läßt sich durchaus sagen, daß die Technik den Menschen die Möglichkeit sowohl einer Verwirklichung der Rechtsidee in bisher unbekanntem Ausmaß als auch der kollektiven Selbstzerstörung gegeben hat – und zwar paradoxerweise die erste nur aufgrund der zweiten. (Es wirft ein bezeichnendes Licht auf das Wesen des Menschen, daß er der Möglichkeit der Apokalypse bedarf, um die Realisierung der Rechtsidee ernsthaft zu erwägen.) Drei Aspekte in der modernen Technik sind es, die die egoistischen Instinkte des

Menschen in Richtung auf universalstaatliche Strukturen bewegen könnten.

Erstens hat die Herausbildung einer Weltwirtschaft dazu geführt, daß die innere wirtschaftliche Stabilität eines Staates nicht mehr allein von ihm abhängt. Allerdings ist es bisher noch so, daß die Erste Welt aus dem gegenwärtigen weltwirtschaftlichen Ungleichgewicht, dessen „national-sozialistische" Tiefenstruktur (im Sinne Kleins) in der ersten Vorlesung erörtert wurde, kurz- und mittelfristig mehr Vorteile erhofft, als ihr erstehen könnten, wenn es eine verantwortliche Wirtschaftspolitik im Weltmaßstab gäbe, und deswegen würde die Weltwirtschaft allein keineswegs notwendig zu universalstaatlichen Strukturen führen. (Ich spreche von „universalstaatlichen Strukturen", weil ich davon ausgehe, daß nur einige Souveränitätsrechte an eine zentrale Instanz delegiert werden sollen, nämlich diejenigen, deren Übertragung für das Überleben der Menschheit wesentlich ist.)

Als wichtiger hat sich die Entwicklung der modernen Waffentechnologie erwiesen – sie hat die Idee eines siegreichen Krieges bei Einsatz von Massenvernichtungsmitteln ad absurdum geführt. Das Ende des Kalten Krieges ist durch diese Einsicht mitbedingt; allerdings führt diese Einsicht noch keineswegs zu *universal*staatlichen Strukturen, sondern nur zu einer Kooperation zwischen den Besitzern von Atomwaffen (woraus sich naturgemäß der Wunsch vieler Staaten ergibt, möglichst zu diesem exklusiven Club dazuzugehören). In der Tat besteht heute eine echte Chance, daß sich ein „Europa von Wladiwostok bis San Francisco" formt, daß Warschauer Pakt und NATO eine neue militärische Struktur bilden, die die Länder europäischer Traditionen gegen die Dritte Welt verteidigt. Ich weiß, daß viele Ihrer Intellektuellen große Hoffnungen auf die Entstehung eines solchen Bündnisses setzen und daß sie sich wünschen, der Ost-West-Konflikt möge durch den Nord-Süd-Konflikt abgelöst werden. Dazu wären sie bereit, die staatliche Einheit der Sowjetunion preiszugeben und die islamischen Republiken der Union abzustoßen; sie würden am liebsten den Eisernen Vorhang zwischen Ost und West durch einen solchen

Vorhang zwischen Nord und Süd ersetzen. Auch wenn ich überzeugt bin, daß diese Idee in naher Zukunft noch eine politische Rolle spielen wird (zumal wenn sich die Gefahr eines Auseinanderfallens der Sowjetunion und damit der Bildung einiger neuer souveräner Staaten, die über Atomwaffen verfügen, vergrößern sollte), kann ich mich mit ihr keineswegs identifizieren. Erstens aus einem moralischen Grund: Die politische Superstruktur, die hier einigen vorschwebt, würde, trotz aller Goodwill-Erklärungen, fast zwangsläufig die Ausbeutung der Dritten Welt verstärken, sie zumindest ihrem Elend überlassen.[7] Sicher hat das Ende des Kalten Krieges der Dritten Welt auch große Erleichterungen gebracht – ich nenne nur die Einstellung der Stellvertreterkriege, einer der moralisch abstoßendsten Erscheinungen der ganzen Weltgeschichte; doch hat es insgesamt die strategische Bedeutung der Dritten Welt und damit ihre Macht weiter verringert.

Der zweite Grund für meine Ablehnung der genannten Idee betrifft zugleich das dritte und entscheidende Motiv für eine Entwicklung hin zu universalstaatlichen Strukturen, nämlich die ökologische Krise. Wer glaubt, das Problem der Umwelt lasse sich ohne dasjenige der Dritten Welt lösen, der irrt in fataler Weise; und sosehr es den Pessimismus steigern muß, wenn man begreift, daß das an sich schon ungeheure Problem der ökologischen Krise mit dem noch gewaltigeren Problem der Dritten Welt verbunden ist, sosehr mag man den Wink einer höheren Gerechtigkeit darin erkennen, daß die Abkoppelung eines Teils der Menschheit vom anderen nicht mehr möglich ist: Wir sitzen alle im selben Boot, im Westen wie im Osten, im Norden wie im Süden, und wenn wir uns unkontrolliert zu zanken anfangen, wird das Boot gewiß kentern. Die „Verdammten dieser Erde“ sind heute nicht nur ein moralisches, sondern ein eminent politisches Problem. Die geschichtliche Bedeutung, ja Sendung Ihres Landes scheint mir gerade darin zu bestehen, daß es Kulturen der Ersten und der Dritten Welt übergreift, und wenn es Ihnen gelingt, einen neuen postmarxistischen Patriotismus zu entwickeln, der alle Völkerschaften Ihres Landes erfaßt, würden Sie der Menschheit einen Weg weisen können. Denn unser aller Zukunft hängt von dem Schicksal Ihres Staates entscheidend ab.

Warum ist das Dritte-Welt-Problem – das nicht Thema dieser Vorlesungen ist (obgleich es mindestens ebensosehr wie das Umweltproblem Gegenstand philosophischer Besinnung sein sollte), sondern mich hier nur im Zusammenhang mit dem Umweltproblem beschäftigt – so kompliziert, daß es einem gelegentlich gar hoffnungslos vorkommt, jedenfalls jede Romantik verloren hat, die viele noch mit ihm verbinden? Der entscheidende Grund scheint mir darin zu liegen, daß die Übertragung der technischen Errungenschaften der modernen Industriegesellschaft auf Kulturen, die die inneren Prinzipien des modernen Rechtsstaates nicht internalisiert haben, noch viel schrecklichere Konsequenzen haben muß als ihre Benützung durch den westlichen Menschen. Daß auch dieser überfordert ist, daß auch er Merk- und Wirkwelt nicht in Übereinstimmung zu bringen vermag, haben wir schon gesehen; aber immerhin verfügt er über eine Form von theoretischer und praktischer Rationalität, die ihm die Produktion dieser Artefakte ermöglicht hat und daher vielleicht auch ihre Beherrschung gestatten wird. Was aber ist von einem Menschen zu erwarten, der politisch in feudalen, erkenntnistheoretisch zum Teil noch in magischen Kategorien denkt und nun plötzlich über Atomwaffen verfügt? Dies kann nicht gut gehen, und es ist daher möglichst zu verhindern, daß Dritte-Welt-Länder z. B. Atom- oder chemische Waffen erhalten.

Die Asynchronie unserer Welt ist eines der Hauptprobleme bei ihrer Steuerung – die Tatsache, daß in ihr Kulturen ganz verschiedener Entwicklungsstufen zusammenleben, ja daß inzwischen in jeder Kultur sich Schichten finden, die aus verschiedenen Entwicklungsstadien herrühren und daher Logiken folgen, die miteinander inkompatibel sind. In Anbetracht dieser beängstigenden Situation muß es erstens darum gehen, die Verständigung zwischen den verschiedenen Kulturen zu fördern; es muß eine Aufgabe sein, in jeder Kultur spezifisch moralische Werte zu suchen, an die anzuknüpfen ist, um einen gemeinsamen Konsens zu erarbeiten. Gleichzeitig müssen die Unterschiede in Traditionen und Mentalitäten, die auch dem unterschiedlichen wirtschaftlichen und politischen Handeln zugrunde liegen, analysiert und bei jeder Entscheidung über gemeinsame Projekte gewissenhaft berücksichtigt werden.

Zweitens aber bedarf das politische Verhältnis zwischen Erster und Dritter Welt einer grundsätzlichen Klärung. Einesteils muß mit aller Deutlichkeit festgestellt werden, daß die Hauptschuld für die gegenwärtige Situation bei der Ersten Welt liegt. Sie hat ihre Werte der Dritten Welt aufoktroyiert, sie hat organisch gewachsene, in einer bewundernswerten Harmonie mit der Natur lebende Kulturen mit einer Gnadenlosigkeit teils zerstampft, teils in die Moderne geschleudert, die in der Geschichte des Menschen einzigartig sein dürfte. Die Verbrechen, die mit der Kolonisation begangen wurden (und zwar zum Teil im Namen des Christentums, das immerhin, dies sei zu seiner Ehre gesagt, auch einen Las Casas und einen Vieira hervorgebracht hat), müssen jedem Europäer die Schamröte ins Gesicht treiben, und nicht weniger haben wir anzuerkennen, daß es wirtschaftliche Interessen der Ersten Welt sind, die die Umweltzerstörung in der Dritten Welt mitbedingen: Die Beteiligung der Ersten Welt an umweltschädlichen Großprojekten, deren einziges wirtschaftliches Resultat eine Verschärfung der Schuldenkrise der Dritten Welt war, ist bekanntlich nicht aus Nächstenliebe erfolgt.

Und dennoch ist andernteils mit ebensolchem Nachdruck hervorzuheben, daß alle Kritik am Eurozentrismus und alle Schuldgefühle nicht dazu führen dürfen, die häufig absurde Politik der Führungsschichten der Dritten Welt hinzunehmen oder gar zu unterstützen, die weder dem eigenen Volk noch der eigenen Umwelt nützt. Auflagen, die nicht kurzfristig der Ersten Welt, sondern langfristig dem Dritte-Welt-Land selbst helfen, dürfen, ja müssen weiterhin gemacht werden – die Interessen des Landes und seiner Natur müssen gegen die Wünsche seiner korrupten Führungsklasse verteidigt werden. Dies wird besonders dort schwerfallen, wo diese Wünsche mit den kurzfristigen Interessen der Ersten Welt zusammenfallen, aber gerade dann gebieten die Moral und das wohlverstandene mittelfristige Eigeninteresse eine Zurückweisung der Bitte z.B. um Großtechnologien, die ein Land nicht sinnvoll benützen kann, sondern die ein reines Prestigeobjekt darstellen. Die Entwicklungshilfe darf nicht die Illusion erwecken, es sei möglich, den Lebensstandard des Westens sofort für die Oberschicht, mittelfristig auch für den Rest der Bevölkerung einzuholen: Dieser Lebensstandard ist, wie mehrfach gesagt, nicht universalisierbar (ganz davon abgesehen, daß bestimmte Sekundärtugenden, die dem Erfolg des Kapitalismus zugrunde liegen, nicht bei allen Völkern vorhanden sind und nicht in kurzer Zeit errungen werden können). Allerdings wird die Erste Welt das moralische Recht zur ausdrücklichen Zerstörung dieser Illusion erst erwerben, wenn sie bei sich eine umweltverträgliche Wirtschaft eingeführt hat.

Um keine Mißverständnisse aufkommen zu lassen: Ich halte die Entwicklungshilfe für entscheidend, um das Überleben der Menschheit zu garantieren, und ich bin überzeugt, daß das Entwicklungshilfeministerium ähnlich wie das Umweltministerium zu einem Schlüsselressort werden muß. Auf moralischer Ebene scheint es mir klar, daß die klassische „Oikeiosis"-Lehre der Stoiker, nach der sich die sittlichen Pflichten mit der räumlichen Entfernung abschwächen, ergänzt werden muß durch die Berücksichtigung des Grades der Notlage, der abgeholfen werden soll. Natürlich wäre es unmoralisch, meinem hungrigen Bruder das Brot vorzuenthalten und es einem Fremden zu geben, aber die Situation ändert sich, wenn Bedürfnisse von unterschiedlicher Relevanz befriedigt werden müssen. Stehe ich vor der Frage, ob ich meiner Schwester einen Pelz kaufe oder Hungernden in der Dritten Welt das entsprechende Geld zukommen lasse, dann dürfte die zweite Wahl die moralischere sein, und entsprechend scheint es mir eine moralische Grenze des modernen Sozialstaates zu sein, daß er im Inneren Geldverteilungen vornimmt, selbst wenn sie keiner akuten Notlage abhelfen, während seine Leistungen im Außenverhältnis häufig bei weitem nicht in einem angemessenen Verhältnis zu seinen finanziellen Möglichkeiten stehen. Sinnvolle Entwicklungshilfe kann sich freilich nicht auf die Milderung der Folgen aktueller Katastrophen beschränken; sie muß vielmehr die Rahmenbedingungen für eine dauerhafte Entwicklung setzen, und zu diesen Rahmenbedingungen gehört die Wahrung der Umwelt. Daraus folgt etwa, daß die Töchter westlicher Unternehmen in der Dritten Welt dieselben ökologischen Standards zu befolgen haben wie in der Ersten Welt.

Ja, dort, wo die Ökosysteme, um deren Schicksal es geht, von großem Einfluß auf die ganze Menschheit sind (also etwa auf das Weltklima), scheint mir die Idee der Souveränität des einzelnen Staates jetzt schon hinfällig zu werden. Die Idee der Souveränität ist, wie die obigen Überlegungen gezeigt haben, keineswegs das Ziel der Geschichte; sie scheint mir vielmehr gleichen Geistes zu sein wie die Verwandlung der ganzen, auch der belebten Natur in res extensa, die Bestreitung von moralischen bzw. rechtlichen Pflichten gegenüber der Natur bzw. den Kindern und Ungeborenen, die Beschränkung des ökonomischen Wertes auf die Produkte menschlicher Arbeit – sie ist Ausdruck der neuzeitlichen Weltherrschaft der Subjektivität. Immerhin muß sie in dieser Epoche respektiert werden – allerdings nur, solange die absolute Souveränität des einen Staates nicht die Existenz anderer Staaten in Frage stellt (bzw. solange dieser im Inneren die Rechtsidee nicht zu kraß mit den Füßen tritt). Jemand – ein Individuum wie ein Staat – mag seinen eigenen Weg gehen, solange nicht das Schicksal anderer von ihm abhängt; in letzterem Fall, und zwar unabhängig davon, ob er von ihm zu verantworten ist oder nicht, hört seine unbedingte Freiheit auf. Sicher wäre wenig moralisch beschämender für die Länder der Ersten Welt, als wenn sie in ihren einstigen Kolonien militärisch intervenieren würden, um die Umwelt zu retten; das Recht zu derartigen Öko-Kriegen scheint mir aber zumindest internationalen Institutionen nicht abgesprochen werden zu können. Freilich ist zunächst alles zu versuchen, um auf vertragliche Weise die Umwelt in der Dritten Welt zu retten – die reichen Länder müssen bereit sein, dafür zu zahlen, und zwar keineswegs nur in Gestalt des Schuldenerlasses: Ein Marshallplan zur Rettung der Umwelt (der an streng kontrollierte Auflagen gebunden sein muß) ist unerläßlich[8]. Diese

Pflicht der entwickelten Länder folgt erstens aus ihrer Mitschuld an der gegenwärtigen Situation, zweitens daraus, daß eine Einschränkung der Umweltzerstörung in der Dritten Welt in ihrem eigenen Interesse ist. Entscheidend wird in diesem Zusammenhang eine Veränderung der sozialen Bedingungen sein, die etwa der gegenwärtigen demographischen Entwicklung zugrunde liegen, einem der Hauptfaktoren der Umweltzerstörung. Die Herstellung gesunder sozialer Verhältnisse in der Dritten Welt ist allgemein eine der wichtigsten Aufgaben im Kampf um die Umwelt, und vielleicht führt das Ende des Kalten Krieges dazu, daß Sozialreformer von den USA nicht mehr sofort als Agenten des Weltkommunismus verdächtigt werden.

Die eben skizzierten innen- und außenpolitischen Überlegungen scheinen zu zeigen, daß eine rationale Lösung unserer Probleme im Prinzip möglich ist. Allerdings würde ich lügen, wenn ich behauptete, daß ich fest davon überzeugt sei, das zur Vermeidung globaler Katastrophen Erforderliche werde rechtzeitig getan werden. Es gibt keine apriorische Garantie dafür, ja es gibt nicht einmal ein apriorisches Argument dafür, daß die Menschheit sich selbst nicht vernichten wird. Das, was Sorge macht, sind nicht allein die in der dritten Vorlesung beschriebenen psychologischen Mechanismen; von entscheidender Bedeutung ist vielmehr der Zeitfaktor, der schwer abzuschätzen ist. Ist es wirklich schon fünf vor zwölf, oder haben wir noch zehn weltgeschichtliche Minuten Zeit? Oder ist es sogar schon zwei nach zwölf, wie einige behaupten? Aber eben weil wir das nicht wissen, müssen wir die zur Rettung der Umwelt nötigen Maßnahmen entschlossen einleiten – und zwar so früh wie möglich.

Aber wie läßt sich die praktische Umsetzung des als richtig Erkannten erreichen? Offenbar ist dazu gesellschaftlicher Druck nötig. Die Trägheit der Politik läßt befürchten, daß nur wenig getan wird, wenn nicht eine immer größere Zahl von gut informierten und hartnäckigen Bürgern den Verantwortlichen in Politik und Verwaltung konkrete Vorschläge unterbreitet und deutlich werden läßt, daß sie jene Regierungen nicht mehr für legitim hält, die das Erforderliche nicht rasch durchsetzen. Gleichzeitig brauchen wir dringend Führungskräfte, die die

Umweltfrage nicht nur abstrakt zur Kenntnis nehmen, sondern von ihr beseelt sind; wir brauchen mehr Politiker, die einerseits über die ökologischen Kategorien verfügen, um die Lage unserer Umwelt selbst adäquat einzuschätzen, die andererseits die Probleme der Dritten Welt aus eigener Anschauung kennen – denn diese motiviert zum Handeln mehr als die Lektüre noch so vieler Bücher. Im Zeitalter der Umwelt wird das Übergewicht von Personen mit einem sozialwissenschaftlichen Studium in der Politik zugunsten der Biowissenschaften korrigiert werden müssen; am besten werden Menschen sein, die über Kompetenzen in beiden Wissenschaftstypen verfügen und systemtheoretisch zu denken wissen.

Von außerordentlicher Wichtigkeit ist die Aufstellung einer Prioritätenliste im Umweltschutz. Das Bessere ist zu oft des Guten Feind gewesen; und es ist bedrückend zu sehen, daß häufig edle Menschen ihre Energien an sich begrüßenswerten Aufgaben widmen, deren Stellenwert jedoch in der gegenwärtigen Situation viel niedriger ist als der von anderen Aufgaben, die grundlegender oder dringlicher sind. Der Treibhauseffekt und die weltweiten Bodenverluste durch Erosion sind ernstere Probleme als etwa die Erhaltung einer bestimmten Schmetterlingsart, und die übermäßige Konzentrierung auf letztere entzieht jenen anderen Aufgaben Energien und Finanzmittel. Gefährlich wird die Unfähigkeit, sich mit dem kleineren Übel abzufinden – die Grundkrankheit des Moralisten in der Politik –, wenn diese Weigerung zwangsläufig dazu führen muß, daß größere Übel eintreten: Zu bestimmten Verfahren der Müllverbrennung gibt es keine bessere Alternative, und wer sich gegen sie wendet, steigert nur unsere Umweltprobleme. Wir brauchen eine ökologische Realpolitik, weil nur diese Aussichten hat, etwas zu erreichen – das Aufstellen hehrer, aber unrealisierbarer Ideale kann, in einem merkwürdigen dialektischen Umschlag, nur die Aufrechterhaltung des Status quo zur Folge haben. Realpolitik in Zeiten eines Paradigmenwechsels impliziert übrigens, daß die Vertreter der Werte des neuen Paradigmas und seiner neuen Freund-Feind-Bestimmungen, um verstanden zu werden, die Sprache des alten Paradigmas reden müssen – und d.h., wenn man es streng nimmt, daß sie unter Umständen lügen müssen. Denn die moralischen Energien für die neuen Werte sind noch nicht bei allen da, und daher müssen häufig Kräfte anderer Natur mobilisiert werden, um einen Einsatz für das Vernünftige zu bewirken. De Gaulle hätte Algerien nie entkolonialisiert, wenn er 1958 seine diesbezügliche Absicht bekanntgegeben hätte; und vielleicht wird ein De Gaulle der Umweltpolitik auch keine andere Wahl haben, als seine Anliegen zunächst einmal hinter anderslautenden Erklärungen zu verbergen. Um ein harmloseres Beispiel zu nennen: Auch wenn das Robbensterben nicht das schlimmste ökologische Problem ist, hat es doch eine ganz andere emotionale Wirkung als viele ernstere, aber abstraktere Umweltkatastrophen; es ist daher sinnvoll, es als Hebel für die Hebung des Umweltbewußtseins der Bevölkerung zu benutzen und ein vergleichbares Ereignis zum Anlaß für weitergehende Reformen zu nehmen, die nicht direkt mit ihm zu tun haben. Wer nicht begreift, daß gerade der demokratische Politiker derartige Taktiken beherrschen muß, die die bedeutendsten demokratischen Staatsmänner unseres Jahrhunderts, Roosevelt, Churchill, De Gaulle, immer wieder angewandt haben, verurteilt ihn zur Wirkungslosigkeit, ja, er beschleunigt den Eintritt eines Staatsnotstandes, der angesichts der Gefahren, die uns drohen, an Brutalität alles aus unserem Jahrhundert Bekannte in den Schatten stellen könnte. Es ist ein bißchen zu einfach, wenn wohlmeinende Zeitgenossen ihren Beitrag zur Lösung des ökologischen Problems auf die Bemerkung reduzieren, eine Ökodiktatur im Sinne Harichs sei ein großes Übel – gewiß wird sie ein entsetzliches Übel sein, aber sie wird unweigerlich eintreten, wenn es die Demokratie nicht schafft, das ökologische Problem zu lösen.[9] Ich halte eine Ökodiktatur, ja einen rabiaten Verteilungskampf zwischen verschiedenen Ökodiktaturen um die letzten Ressourcen, der die „national-sozialistische" Tiefenstruktur der gegenwärtigen Weltpolitik in einer Weise an die Oberfläche treten lassen könnte, die ich mir nicht vorzustellen wage, für durchaus eine reale Gefahr, und ebendeswegen halte ich die zügige Einführung der erforderlichen Reformen für eine absolute moralische Pflicht.

Allerdings gilt für die Politik Analoges wie für die Moral: Sie kann ihre motivierende Kraft nicht allein aus der Ablehnung und der Furcht nehmen. Es ist daher nicht genug, das Bewußtsein für die Gefahren zu schärfen, auch wenn dies äußerst wichtig ist: Wir müssen erkennen, daß die neuzeitliche Subjektivität einige Weichenstellungen in der Entwicklung der Menschheit zu verantworten hat, die zu ihrem Untergang führen müssen, wenn wir nicht schleunigst neue Weichenstellungen vornehmen; wir müssen erkennen, daß die heutige Weltkultur krank ist – die Teile haben sich vom Ganzen verselbständigt, weil ein geistiger Einheitspunkt fehlt, auf den sie sich beziehen könnten.

Und doch muß darüber hinaus der große Politiker auch über eine Vision verfügen, die ein in sich werthaftes Ziel in den Mittelpunkt stellt. Was kann das für eine Vision sein? Sie kann nicht in der Wahnidee bestehen, das Glück auf Erden bestehe in der Befriedigung aller möglichen Bedürfnisse und der vollständigen Unterjochung der Natur durch den Menschen – diese Idee ist sowohl unrealisierbar als auch, wie Hans Jonas in seiner Auseinandersetzung mit Ernst Bloch gezeigt hat,[10] bar jeden intrinsischen Wertes. Kernpunkt dieser Vision muß vielmehr eine Versöhnung des Menschen mit der Natur sein – eine Versöhnung, die die neuzeitliche Subjektivität nicht ebenso abstrakt negiert, wie sie es mit der Natur getan hat, sondern sie „aufhebt" und auf einer höheren Ebene zu der antiken Kosmosfrömmigkeit zurückführt. (Selbst bei Kant, der den radikalsten Dualismus zwischen Ethik und Natur eingeführt hat, den es je gegeben hat, geht die Achtung vor dem Sittengesetz mit der Bewunderung für den gestirnten Himmel einher.) Ideen der Aufklärung müssen in dieser Vision enthalten sein – die Beseitigung des Hungers auf Erden etwa ist ein unverzichtbares Moment jeder moralischen Vision. Aber seine Beseitigung darf nicht die Hoffnung auf das Schlaraffenland implizieren, die Überwindung des Elends nicht den quantitativen Progreß immer neuer Wünsche. Fortschritt soll es weiterhin geben – aber nur einen Fortschritt, der seine Ursprünge nicht vergißt und mit Dankbarkeit seine natürlichen und geistigen Voraussetzungen pflegt.

Wenn es gelingt, die Jugend für diese Vision zu gewinnen, dann haben wir gewisse Chancen, unsere Probleme zu bewältigen. Denn nicht nur verfügt die Jugend von Natur über ungewöhnliche idealistische Energien, deren Verkümmerung stets ein schiefes Licht auf eine Gesellschaft wirft; in diesem besonderen Fall deckt sich der Idealismus auch mit dem Eigeninteresse: Denn für kaum jemanden ist die Bewahrung der Umwelt persönlich wichtiger als für die Jugend. Gelänge es, die staatliche Erziehung so umzugestalten, daß sie einerseits die wesentlichen Informationen, andererseits den moralischen Sinn dieser Aufgabe zu vermitteln wüßte, wäre viel gewonnen; ebenso, wenn internationale Umweltcolleges erstens die Idee der Universität wiederherstellten, zu der eine Lebensgemeinschaft von Professoren und Studenten ebenso gehört wie das Streben nach einer ganzheitlichen Bildung, und wenn sie zweitens die emotionalen Bindekräfte zwischen späteren Führungskräften aus verschiedenen Ländern stärkten.

Die gegenwärtige Weltkultur ist der komplexeste Wandteppich, der je gewebt worden ist; wir erkennen jetzt, daß seine Unterlage – die die Weltherrschaft an sich reißen wollende Subjektivität – dieses Muster auf die Dauer zersetzt. Werden wir es schaffen, dieses Muster von seiner Unterlage abzulösen, ohne seine wunderbare Komplexität zu zerstören? Das ist die Aufgabe, vor der wir heute stehen; und immerhin läßt sich dies sagen, daß uns eine intellektuelle, moralische und politische Herausforderung zuteil geworden ist, die uns vielleicht überfordert, die uns aber wenigstens nicht das Gefühl gibt, nicht gebraucht zu sein.

Nachwort zur zweiten Auflage

Weniger als drei Jahre nach der Erstauflage erscheinen diese „Moskauer Vorträge" neu, die inzwischen auch auf russisch und italienisch veröffentlicht wurden. Die Weltgeschichte hat in der Zwischenzeit das Tempo beibehalten, das sie 1989 angenommen hatte, und viele Anspielungen des Büchleins – etwa auf die Beibehaltung der staatlichen Einheit der Sowjetunion – sind hinfällig geworden. Dennoch habe ich mich zu einem unveränderten Abdruck entschlossen. Erstens bin ich noch immer nicht davon überzeugt (denn an die normative Kraft des Faktischen glaube ich nicht), daß die Auflösung jenes großen Staates ein Akt der Klugheit war (verständlich war er gewiß); und auch wenn meine Hoffnung gescheitert ist, die Sowjetunion könne aus dem Aufbau einer ökologisch-sozialen Marktwirtschaft eine neue Identität beziehen, vermute ich weiterhin, daß von ihrem Territorium noch große geschichtliche Anstöße ausgehen werden – und sei es durch die sozialen Kataklysmen, die sich in dieser zwischen Europa und Asien vermittelnden Kultur mit ihrer eigentümlich ambivalenten Einstellung zu den Ideen der Moderne vorbereiten. Zweitens hat sich die Enormität der ökologischen Probleme in der Zwischenzeit nicht gemindert; im Gegenteil. Das Drängen immer größerer Menschenmassen hin zu den Segnungen des Kapitalismus wird sie mittelfristig verschärfen, und es ist klar, daß wir in den reichen Ländern kein Recht haben, uns über die wirtschaftlichen Erfolge etwa der Chinesen zu empören, solange wir nicht willens sind, unseren Lebensstil einschneidend einzuschränken. Dazu aber sind kaum Anzeichen in Sicht, auch wenn die politische Trägheit durch einen hektischen Umweltaktivismus kompensiert wird, der nicht nur nichts löst, sondern das Übel mehrt. Gottfried Benns Fürst Kraft ist heute Vorsitzender eines Vereins selbsternannter Umweltretter, und zwischen Rom und Sansibar pendelt er nicht mehr in seinem Sleepingcar, sondern in einem nagelneuen Jumbojet von Konferenz zu Konferenz. Vielleicht hat es keine Zeit nötiger gehabt als die unsere, die Frage „Was soll ich tun?" durch die Frage „Was soll ich unterlassen?" zu ersetzen; vielleicht war in keiner Epoche die Abgeklärtheit des Taoteking dringlicher als in der unseren. Nichtstun wäre immer noch besser als die Absorption der Umweltpolitik durch die umweltzerstörerischen Ausdrucksmechanismen dieser kranken Kultur – freilich schlechter als wirklich sinnvolle Politik. Zu ihr werden uns einerseits geschichtliche Erschütterungen zwingen; andererseits mag ein Bewußtseinswandel sie vorbereiten. Auch wenn ich der Überzeugung bin, daß sich die meisten unserer Probleme nur ökonomisch-politisch lösen lassen, kann ich jene meiner Kritiker schwerlich ernst nehmen, die ganz ohne Individualethik auskommen wollen. Nichts ist bequemer als die Kritik der Industrie oder der Politik – deren Eliten in einer demokratischen Marktgesellschaft in der Regel nur die Massen spiegeln, zuzüglich einiger Sekundärtugenden. Ein Umweltminister kann heute beim besten Willen wenig ausrichten – jedenfalls ohne einen radikalen Wertewandel in der Gesellschaft, der durch die Politik vielleicht gefördert, aber sicher nicht erzwungen werden kann.

Auch wenn ich manches an dem Buch heute anders schriebe, auch wenn ich mehr Literatur berücksichtigte (wie das mir damals noch unbekannte schöne Buch D. Birnbachers), auch wenn es einige Flüchtigkeitsfehler und Ungenauigkeiten enthält (besonders im zweiten Kapitel, auf die mich in einer lehrreichen Privatrezension mein verehrter Kollege Prof. Dr. Matthias Schramm hingewiesen hat), mag es doch als einer der wenigen Versuche weiterhin gelesen werden, einen Brückenschlag zwischen Philosophie und Ökologie zu wagen. Daß bei einem solchen Versuch, der sich bewußt an ein breiteres Publikum wandte, Abstriche in der Stringenz der Begründung unausweichlich waren, liegt auf der Hand. Aber philosophisch gebildeter gesunder Menschenverstand ist in unserer Zeit mindestens ebenso nötig wie Begründungsakrobatik. Philosophie, das sollte man nicht vergessen, hat mit Weisheit zu tun; und Weisheit bewährt sich im Leben nicht weniger als im Denken. Sollte dieses Buch seinen Lesern die Kraft geben, ohne Verlust, ja bei Steigerung ihrer Selbstachtung ihren umweltschädlichen Konsum zu senken und gleichzeitig die heutige Krise ohne Haß in ihrer Notwendigkeit zu begreifen, hätte es seinen Zweck erfüllt.

Essen, im Januar 1994 V.H.

Anmerkungen

Einleitung

1 Metaphysische Fragen werden in diesen Vorlesungen nicht behandelt; ich darf dazu verweisen auf mein Buch: Die Krise der Gegenwart und die Verantwortung der Philosophie. Transzendentalpragmatik, Letztbegründung, Ethik, München 1990.

2 Die Zeit des Weltbildes (1938), in: Holzwege, Frankfurt 1977, 75–113; Die Frage nach der Technik (1949), in: Die Technik und die Kehre, Pfullingen 1988, 5–36.

3 Das Prinzip Verantwortung. Versuch einer Ethik für die technologische Zivilisation, Frankfurt 1979; Materie, Geist und Schöpfung, Frankfurt 1988.

I. Die Ökologie als neues Paradigma der Politik

1 Zu wissenschaftlichen Paradigmenwechseln grundlegend: Th. S. Kuhn, Die Struktur wissenschaftlicher Revolutionen (engl. 1962), Frankfurt 1976.

2 D. Meadows u. a., Die Grenzen des Wachstums. Bericht des Club of Rome zur Lage der Menschheit, Stuttgart 1972; Global 2000. Der Bericht an den Präsidenten, Frankfurt 1980; Unsere gemeinsame Zukunft. Der Brundtland-Bericht der Weltkommission für Umwelt und Entwicklung, hg. von V. Hauff, Greven 1987; Worldwatch Institute Report: Zur Lage der Welt – 89/90, hg. von L. R. Brown u. a., Frankfurt 1989. Zu den Klimakatastrophen vgl.: Das Ende des blauen Planeten? Der Klimakollaps: Gefahren und Auswege, hg. von P. J. Crutzen und M. Müller, München ^{2}1990.

3 F. Fukuyama, The End of History?, The National Interest, Summer 1989, 3–18.

4 Vgl. das immer noch klassische Buch von N. D. Fustel de Coulanges, Der antike Staat (frz. 1864), München 1981.

5 Vgl. J. Hasebroek, Griechische Wirtschafts- und Gesellschaftsgeschichte bis zur Perserzeit, Tübingen 1931.

6 S. die wichtige Anmerkung 33 im ersten Kapitel des „Kapitals" (K. Marx/F. Engels, Werke, Bd. 23, Berlin 1979, 96).

7 Das Zeitalter der Neutralisierungen und Entpolitisierungen (1929), in: Der Begriff des Politischen, Berlin 1963, 79–95.

8 A Letter concerning Toleration, in: The Works of John Locke in ten

volumes, Bd. VI, London 1823, Reprint Aalen 1963, 47: „Lastly, Those are not at all to be tolerated who deny the being of God"; G. W. F. Hegel, Grundlinien der Philosophie des Rechts, § 270: „Es ist in der Natur der Sache, daß der Staat eine Pflicht erfüllt, .. von allen seinen Angehörigen zu fordern, daß sie sich zu einer Kirchengemeinde halten, – übrigens zu irgendeiner, denn auf den Inhalt ... kann sich der Staat nicht einlassen."

9 Dazu vgl. u. a. K.-O. Apel, Transformation der Philosophie, 2 Bde., Frankfurt 1973.

10 On Revolution, New York 1963.

11 Principi di scienza nuova, Buch I, ii, degnità lxxxvii.

12 Philosophie der Gegenwart – Versuch einer Begriffsbestimmung (200 Jahre nach 1789), in: Wiener Jahrbuch für Philosophie 21 (1989), 47–63.

13 S. etwa U. Horstmann, Das Untier. Konturen einer Philosophie der Menschenflucht, Wien 1983.

14 Erdpolitik. Ökologische Realpolitik an der Schwelle zum Jahrhundert der Umwelt, Darmstadt 1989.

15 Die Moderne – ein unvollendetes Projekt (1980), in: Kleine politische Schriften I–IV, Frankfurt 1981, 444–464, 462 ff.

16 Vgl. etwa K. M. Meyer-Abich, Wege zum Frieden mit der Natur, München/Wien 1984.

II. Die geistesgeschichtlichen Grundlagen der ökologischen Krise

1 Vgl. A. Gehlen, Die Seele im technischen Zeitalter, Hamburg 1957.

2 Wahrheit und Geschichte. Studien zur Struktur der Philosophiegeschichte unter paradigmatischer Analyse der Entwicklung von Parmenides bis Platon, Stuttgart-Bad Cannstatt 1984; Begründungsfragen des objektiven Idealismus, in: Philosophie und Begründung, hg. vom Forum für Philosophie Bad Homburg, Frankfurt 1987, 212–267.

3 Vgl. A. V. Achutin, Ponjatie „priroda" v antičnosti i v Novoe vremja, Moskau 1988.

4 J. Ortega y Gasset, Betrachtungen über die Technik, in: Gesammelte Werke, Bd. IV, Stuttgart 1956, 32–95, 76 ff.

5 Siehe die ergreifenden Texte der Indianer, deren Voraussicht die weiße Zivilisation beschämen muß, in: H. Gruhl (Hg.), Glücklich werden die sein ... Zeugnisse ökologischer Weltsicht aus vier Jahrtausenden, Frankfurt/Berlin 1989, 85–89, 175–179. Seattle sind allerdings Dinge zugeschrieben worden, die er nie gesagt hat.

6 Zur chinesischen Wissenschaft vgl. das zu Recht berühmte Buch von J. Needham, Wissenschaftlicher Universalismus. Über Bedeutung und Besonderheit der chinesischen Wissenschaft, Frankfurt 1979. Daß die chinesische Kultur eine der unseren ähnliche technische Zivilisation nicht hat entwickeln *wollen* (anstatt es nicht zu können), legt der als Motto vorangestellte großartige Text über den Ziehbrunnen aus Dschuang Dsis „Das wahre Buch vom südlichen Blütenland" nahe.

7 Vgl. I. Schneider, Archimedes. Ingenieur, Naturwissenschaftler und Mathematiker, Darmstadt 1979.

8 Trotz R. Mondolfo, L'infinito nel pensiero dei Greci, Firenze 1939 ist daran festzuhalten, daß das Unendliche den Griechen stets etwas Negatives war.

9 Grundlegend dazu K. Gaiser, Platons ungeschriebene Lehre, Stuttgart 1963.

10 Zu den Unterschieden zwischen antiker und moderner Wissenschaft vgl. die beeindruckenden Bücher von P. P. Gajdenko, Evoljucija ponjatija nauki, Moskau 1980 und Evoljucija ponjatija nauki (XVII–XVIII vv.), Moskau 1988 sowie die Dissertation von D. V. Nikulin, Problema vremeni i prostranstva v nauke i metafizike XVII stoletija, Moskau 1990.

11 Vgl. A. Maier, Studien zur Naturphilosophie der Spätscholastik, 5 Bde., Roma 1949–1958.

12 Vgl. V. Hösle, Platonism and Anti-Platonism in Nicholas of Cusa's Philosophy of Mathematics, in: Graduate Faculty Philosophy Journal 13/2 (1990), 1–34. Grundlegend zum „Kreationismus" in der Geschichte der Mathematik D. R. Lachterman, The Ethics of Geometry, London/New York 1989.

13 Vgl. V. N. Katasonov, Analitičeskaja geometrija Dekarta i problemy filosofii techniki, Voprosy filosofii 12 (1989), 27–40.

14 Vgl. M. Schramm, Natur ohne Sinn? Das Ende des teleologischen Weltbildes, Graz/Wien/Köln 1985.

15 Vgl. P. D. Tichenko, La Santé: Rapport des approches des sciences de la nature et des sciences humaines, in: Sciences Sociales et Santé VI 2 (1988), 61–74.

16 Bewegend sind Leonardo da Vincis Angstvisionen, die um die moderne Technik kreisen. Vgl. seine „Profezie" in: Scritti letterari, a cura di A. Marinoni, Milano 1974, 115–138.

17 Vgl. H. Schmidt, Die Entwicklung der Technik als Phase der Wandlung des Menschen, in: VDI-Zeitschrift 96 (1954), 119.

18 Vgl. A. Gehlen, Moral und Hypermoral, Frankfurt/Bonn 1963.

19 Vgl. J. E. Lovelock, Gaia: A new look at life on earth, Oxford 1979; The ages of Gaia: a biography of our living earth, Oxford 1988. Ähnliche Gedanken finden sich schon bei den russischen Kosmisten; zu ihnen s. F. K. Girenok, Russkie kosmisty, Moskau 1990.

20 Vgl. G. Anders, Die Antiquiertheit des Menschen. Über die Seele im Zeitalter der zweiten industriellen Revolution, München 1956; Bd. II: Über die Zerstörung des Lebens im Zeitalter der dritten industriellen Revolution, München 1980.

21 Vgl. Politik 1256b 27ff, 1257b 41ff.

22 Dies ist gegen alle „Aussteiger" festzuhalten. Ich denke etwa an C. Amery, Natur als Politik. Die ökologische Chance des Menschen, Reinbek 1976.

23 Das Prinzip Verantwortung, op. cit., 225ff.

24 Das Zeitalter ..., op. cit., 80ff.
25 Vgl. A. Smith, Theorie der ethischen Gefühle (engl. 1759), ... hg. von W. Eckstein, Hamburg 1985.
26 Siehe H. G. Gadamer, Wahrheit und Methode, Tübingen 1960.

III. Ethische Konsequenzen aus der ökologischen Krise

1 Vgl. V. Hösle, The Greatness and Limits of Kant's Practical Philosophy, in: Graduate Faculty Philosophy Journal 13/2 (1990).
2 Das Prinzip Verantwortung, op. cit., 96ff.
3 Grundlegend dazu M. Scheler, Der Formalismus in der Ethik und die materiale Wertethik, Bern/München [6]1980.
4 Vgl. dazu etwa U. Steger (Hg.), Die Herstellung der Natur. Chancen und Risiken der Gentechnologie, Bonn 1985.
5 Grundlage des Naturrechts, in: Fichtes Werke, 11 Bde., hg. von I. H. Fichte, Berlin 1834–1846, Nachdruck Berlin 1971, III 361f.
6 Nietzsches „Über Wahrheit und Lüge im außermoralischen Sinne" gehört begründungstheoretisch zu den inkonsistentesten Texten der Philosophiegeschichte; und auch seine These von der kurzen Lebensdauer der Menschheit im Kosmos ist nichts als eine Versicherung. Richtig ist allerdings, daß Vernunftwesen, die sich als souveräne Subjektivitäten mißverstehen, sich selbst notwendig zerstören müssen.
7 Vgl. Th. Veblen, Theorie der feinen Leute (engl. 1899), München 1981.
8 Zu den Beziehungen zwischen Kapitalismus und Protestantismus vgl. die klassische Studie von M. Weber, Die protestantische Ethik, München/Hamburg 1965.
9 J. v. Uexküll/G. Kriszat, Streifzüge durch die Umwelten von Tieren und Menschen/Bedeutungslehre, Frankfurt 1970.
10 Grundlegend dazu D. Wandschneider, Das Gutachtendilemma – Über das Unethische partikularer Wahrheit, in: Verantwortung in Wissenschaft und Technik, hg. von M. Gatzemeier, Mannheim/Wien/Zürich 1989, 114–129.
11 Vgl. K. M. Meyer-Abich, Wissenschaft für die Zukunft. Holistisches Denken in ökologischer und gesellschaftlicher Verantwortung, München 1988.
12 Die Antiquiertheit des Menschen, op. cit.
13 Hamburg/Zürich 1985.
14 „advertere proximi, deinde plures: hinc per omnem aciem miraculum et questus et saevissimi belli execratio. nec eo segnius propinquos adfinis fratres trucidant spoliant: factum esse scelus loquuntur faciuntque."
15 J. M. Eça de Queiroz, Obras, Vol. III, Porto 1946, 285–384. Eine deutsche Übersetzung erschien Berlin 1954.
16 Vgl. St. Milgram, Das Milgram-Experiment, Reinbek 1982.

IV. Ökonomie und Ökologie

1 Dazu grundlegend M. Weber, Wirtschaft und Gesellschaft. Grundriß der verstehenden Soziologie, Tübingen [5]1980.

2 Vgl. V. I. Lenin, Imperializm, kak vysšaja stadija kapitalizma, Moskau 1917.

3 Vgl. A. O. Hirschman, The Passions and the Interests. Political Arguments for Capitalism before its Triumph, Princeton 1977.

4 Vgl. das temperamentvolle Buch von H. Laistner, Die Geduld der Erde geht zu Ende, Frankfurt 1989.

5 Wege ins Paradies, Berlin 1985.

6 Vgl. Ch. Leipert, Die heimlichen Kosten des Fortschritts. Wie Umweltzerstörung das Wirtschaftswachstum fördert, Frankfurt 1989.

7 Vgl. schon A. Marshall, Principles of Economics, London 1891; A. Pigou, The Economics of Welfare, London 1920.

8 Vgl. H. Bonus, Marktwirtschaftliche Konzepte im Umweltschutz, Stuttgart 1984; K. W. Kapp, Für eine ökosoziale Ökonomie, Frankfurt 1987; H. C. Binswanger u. a., Arbeit ohne Umweltzerstörung, Frankfurt 1988; E.-U. von Weizsäcker, Erdpolitik, op. cit. Vage bleiben demgegenüber alle Vorstellungen von einem dritten Weg zwischen Kapitalismus und Sozialismus (z. B. bei O. K. Flechtheim, Ist die Zukunft noch zu retten?, Hamburg 1987).

9 J. Ellington and T. Burke, The Green Capitalists. How to make Money – and Protect the Environment, London 1989.

10 Vgl. G. Winter, Das umweltbewußte Unternehmen, München 1989.

V. Politische Konsequenzen aus der ökologischen Krise

1 Vgl. W. Harich, Kommunismus ohne Wachstum? Babeuf und der „Club of Rome", Reinbek 1975.

2 Grundlage des Naturrechts, op. cit., III 217 (vgl. X 546 ff).

3 Ich beziehe mich auf sein durch Konkretheit der Vorschläge bestechendes Buch „Der Umbau der Industriegesellschaft", Frankfurt 1989.

4 ZEIT vom 29. 12. 1989, Sonderbeilage zum Symposium „Ende des Kommunismus – was nun?"

5 Zum Luxus als Prinzip der modernen Gesellschaft vgl. J. K. Galbraith, The Affluent Society, Harmondsworth 1987.

6 Zum ewigen Frieden, Königsberg 1795.

7 Vgl. F. Fröbel/J. Heinrichs/O. Kreye, Die neue internationale Arbeitsteilung, Reinbek 1977.

8 Vgl. L. Wicke/J. Hucke, Der ökologische Marshallplan, Berlin 1989.

9 Es ist die Risikogesellschaft, die die Diktatur hervorbringen könnte, nicht so sehr der böse Wille einzelner. Zum Begriff der Risikogesellschaft vgl. das Buch von U. Beck, Risikogesellschaft, Frankfurt 1986.

10 Das Prinzip Verantwortung, op. cit., 316 ff.

Buchanzeigen

Probleme der Dritten Welt

Franz Ansprenger
Politische Geschichte Afrikas im 20. Jahrhundert
1992. 208 Seiten. Paperback
Beck'sche Reihe Band 468

Clare Hargreaves
Bitterer Schnee
Eine Reportage aus dem internationalen Kokainkrieg
Aus dem Englischen von Ursula Scholz
1993. 306 Seiten. Paperback
Beck'sche Reihe Band 1033

Josef Herkendell/Eckehard Koch
Bodenzerstörung in den Tropen
1991. 184 Seiten mit 19 Abbildungen, Karten und 15 Tabellen. Paperback
Beck'sche Reihe Band 436

Peter J. Opitz (Hrsg.)
Das Weltflüchtlingsproblem
Ursachen und Folgen
1988. 238 Seiten. Paperback
Beck'sche Reihe Band 367

Manfred Wöhlcke
Der Fall Lateinamerika
Die Kosten des Fortschritts
1989. 152 Seiten. Paperback
Beck'sche Reihe Band 394

Manfred Wöhlcke
Der ökologische Nord-Süd-Konflikt
1993. 126 Seiten. Paperback
Beck'sche Reihe Band 1031